배터리의 미래

'자원의 한계'를 넘어 지속가능한 소재를 찾아서

최종현학술원 과학기술혁신 시리즈 I

배터리의 미래

M. 스탠리 위팅엄, 거브랜드 시더, 강기석, 최장욱

목차

축사

기후변화에 대응하기 위한 기술적·정책적 전략 마련이 전 세계적으로 큰 화두가 되고 있습니다. 산업계에서도 탄소중립 이행을 위한 논의가 활발하게 진행되고 있고, 새로운 사회적 가치를 창출하기 위한 ESG(Environmental, Social, and Governance) 경영은 이제 선택이 아닌 필수가 되었습니다. 이러한 상황에서, 배터리 기술 혁신이 에너지 문제 해결과 탄소중립 달성을 위한 핵심적 요소로 작용한다는 점은 하나의 상식이 되었습니다.

그 동안 배터리 제조사와 완성차 업체들은 배터리 기술 발전을 위해 많은 노력을 기울였습니다. 그 결과 최근 수년 간 배터리 산업은 질적, 양적으로 엄청난 성장을 이루었습니다. 그러나 탈탄소 사회로의 전환을 가속화하기 위해서는 현재의 기술 수준에 머물러서는 안됩니다. 배터리 성능을 대폭 개선하며 기술 진보를 재촉해 나간 때 비로소 우리는 지속 가능한 배터리 산업 생태계를 구축할 수 있을 것입니다.

이를 위해 차세대 배터리용 신소재 개발, 배터리 재활용 및 재사용 생태계 구축 등의 이슈와 관련하여 산학 협력이 더욱 긴밀히 이뤄져야 합니다. 아울러 전공 분야의 경계를 넘어선 학문 간 협력과 소통 역시 배터리 분야의 혁신에서 본질적인 요소로 작용하고 있음을 주시해야 합니다. 2019년 리튬이온배터리 개발 업적으로 노벨 화학상을 수상했던 세 명의 학자들의 전공과 국적이 제각기 달랐던 사례는 배터리 기술이 국경과 분야를 뛰어 넘는 긴밀한 협력을 통해 발전할 수밖에 없음을 상징적으로 보여주었습니다.

그런 의미에서 최종현학술원이 배터리 분야 세계적인 석학들의 강연과 토론을 바탕으로 『배터리의 미래』를 출간하게 된 것에 대해 큰 보람을 느낍니다. 미래 배터리 기술에 대한 통찰과 전망을 담아낸 이 책이 친환경 시대를 견인하기 위한 배터리 기술 전략을 수립하고, 우리가 마주하게 될 수많은 도전과 기회들에 대한 대응 태세를 강화하는데 크게 기여할 수 있기를 바랍니다.

최종현학술원 이사장·SK회장

최태원

발간사

지난 2018년 故 최종현 SK 선대 회장 20주기를 맞아 출범한 최종현학술원은 그 동안 과학기술 혁신, 지정학 리스크, 과학기술혁신과 지정학 리스크의 상호 작용이라는 3대 주제에 집중하여, 미래의 위기 요인을 분석하고 대응책을 논의하는 국제적인 지식 공유 플랫폼으로 탈바꿈해왔습니다. 특히, 10차례가 넘는 과학혁신 시리즈를 통해 첨단 과학기술의 현황과 전망, 영향에 대한 세계 석학들의 논의를 국내외에 확산시켜 왔습니다. 또 2020년에는 코로나19 대유행의 실체와 전망에 대한 정확한 분석을 토대로 적합한 대응 방안을 마련하고 담론을 형성해 나가는 데 노력했고, 이러한 노력의 일환으로 『코로나19: 위기·대응·미래』를 출간하였습니다.

　　이번에는 『배터리의 미래』라는 제목으로 2020년 1월 개최된 '제2회 최종현학술원 과학혁신 컨퍼런스'와 2021년 2월 개최된 '최종현학술원 과학혁신 웨비나: 배터리 기술의 미래'에서 배터리 분야 국내외 석학들이 배터리 기술의 현황과 향후 전망에 대해 발표하고 토론한 내용을 편집하여 출간하게 되었습니다.

이 책에서는 리튬이온배터리 기술의 역사와 현황, 에너지 밀도와 안정성 제고를 위한 차세대 소재, 첨단 배터리 관리시스템에 대한 국내외 석학들의 통찰력과 비전을 살펴볼 수 있습니다. 아울러 국내외 석학들이 배터리 기술의 현황과 전망에 대해 펼치는 활발한 토론 내용도 충실히 반영하여 논쟁점을 부각시키도록 했습니다.

이 책을 구성하기 위해 노력한 모든 분들에게 감사드립니다. 특히 귀중한 강연과 토론을 펼치며 이 책을 저술하는데 힘쓰신 2019년 노벨화학상 수상자 M. 스탠리 위팅엄 교수, 거브랜드 시더 교수, 강기석 교수, 최장욱 교수 등 공동저자 여러분께 다시 한 번 감사드립니다. '제2회 최종현학술원 과학혁신 컨퍼런스' 배터리 세션과 '최종현학술원 과학혁신 웨비나: 배터리 기술의 미래'를 기획하고 사회를 맡아 주신 현택환 교수에게도 특별한 감사의 말씀을 드립니다. 아울러『배터리의 미래』를 출간하기 위해 노력한 이음출판사 여러분들과 학술원 과학혁신팀 직원들의 빈틈없는 준비에 감사드립니다.

최종현학술원장
박인국

1

리튬이온배터리 기술과 지구의 미래

The Lithium Battery, from a Dream to
Readiness to Take on Climate Change
-Opportunities and Challenges

M. 스탠리 위팅엄

M. Stanley Whittingham

- 뉴욕 주립대(빙엄턴) 화학과 석좌교수
- 옥스퍼드대 화학 학사·박사
- 리튬이온배터리 연구의 선구자
- 노벨 화학상(2019)
- 옥스퍼드대 뉴칼리지 명예 펠로우
- 미국 국립공학아카데미(NAE) 회원

리튬이온배터리가 어떻게 처음 발명되었고 어떠한 방향으로 발전하고 있는지 살펴보고, 깨끗한 지구 환경을 만들기 위해 어떠한 역할을 하고 있는지를 다뤄보겠습니다.

먼저 1972년부터 오늘날까지 리튬이온배터리의 역사를 살펴보겠습니다. 1972년은 내연기관 자동차를 대체할 수 있는 전기자동차에 대한 막연한 아이디어와 관심이 생겨나기 시작한 해입니다. 그 다음 리튬이온배터리가 어떻게 지구 환경 문제 해결에 기여할 수 있고, 자연 재해 등의 재난 상황에서 에너지 저장장치로서 도움이 될 수 있는지에 대해서 알아보겠습니다. 실제로 리튬이온배터리는 허리케인이 빈번하게 발생하는 뉴욕, 산불이 많이 나는 캘리포니아나 호주 등지에서 굉장히 중요한 역할을 하고 있습니다. 그리고 현재 리튬이온배터리 기술의 한계는 무엇인지, 이 분야를 연구하는 과학자 및 공학자에게 어떠한 기회가 있는지 다뤄보도록 하겠습니다. 마지막으로 과학에는 학문과 국경의 제약이 없으며 과학기술적 진보를 위해서는 이 모든 장벽을 뛰어넘어야 한다는 점을 강조하겠습니다.

1972년 이후, 세상을 바꾼 연구

에소(Esso)라는 기업에 대해 살펴보겠습니다. 지금은 엑손(Exxon) 혹은 엑손모빌(Exxon Mobil)이라고 알려져 있죠. 1972년 이 기업은 석유화학 기업에서 벗어나 종합 에너지 기업으로 변신하기로 결정하였고, 얼마 후 대규모 연료전지 및 광전지 기업이 되었습니다. 미국 내 핵 재처리 공정도 도맡아 할 정도로 아주 큰 에너지 회사로 성장하였습니다. 이때 에소는 벨연구소(Bell Labs) 규모의 과학기술 연구개발 활동을 펼치는 것을 목표로 삼고 초전도체 연구를 시작했는데, 이 연구에서 리튬이온배터리가 처음으로 등장하게 되었습니다.

1976년에 엑손이 고객사를 위해 만든 사은품에는 리튬이온배터리와 광전지로 작동하는 전자시계가 들어 있습니다. 40년이 훨씬 넘게 지난 지금도 여전히 잘 작동합니다. 시계 자체의 수명이 리튬이온배터리나 광전지보다 먼저 다했죠.

엑손이 1977년 시카고 전기자동차 박람회에서 선보인 대형 리튬이온배터리는 가로 10 cm, 두께 2.5 cm, 높이 15 cm가 넘는 크기였습니다. 이 배터리를 이용해서 일주일 동안 오토바이 전조등을 켜고 끄는 데 성공했죠. 엑손은 당시 전기자동차에 관심이 많았고, 실제로 1970년대 후반부터 1980년대 초반에 걸쳐 일본의 도요타와 전기자동차 양산 관련 논의를 심도 있게 진행하기도 했습니다.

장난감에서 우주정거장까지, 배터리 기술의 진화

1970년대 전자시계용 소형 배터리에서 시작된 리튬이온배터리의 기술력은 이제 온 세상을 지배하는 위치에까지 올랐습니다. 리튬이온배터리의 초기 적용 분야는 통신 장비 및 장난감 등이었습니다. 리튬이온배터리 기술이 없었다면 지금 모습의 스마트폰도, 노트북 컴퓨터도 없었을 겁니다. 지금은 전기차 배터리가 주목을 받고 있지만, 리튬이온배터리의 주요 적용 분야는 전기자동차만 있는 것이 아닙니다. 에너지 저장 장치(ESS, energy storage system)도 리튬이온배터리의 주요 적용 분야입니다. 태양광 발전은 낮에만 가능한 데다 흐린 날, 눈이나 비가 오는 날 등에는 아예 발전이 안 될 수도 있습니다. 바람은 간헐적으로 불어오는 경우가 많으며, 미국에서는 전기가 필요

없는 밤에 바람이 더 강하게 부는 경향이 있습니다. 따라서 이러한 재생에너지를 저장할 수 있는 장치가 꼭 필요합니다. 효율적인 에너지 저장이 가능하다면 청정 에너지를 확보해 지구 온난화를 완화하는 데 커다란 도움이 될 것입니다.

한편, 리튬이온배터리는 지구 바깥 극한의 환경에서도 사용할 수 있도록 개발되고 있습니다. 그 결과 국제우주정거장에서 주로 사용해왔던 니켈수소배터리가 리튬이온배터리로 대체되고 있습니다. 리튬이온배터리는 우주정거장 외부의 극한 환경에서 사용이 가능하면서도 기존 배터리 대비 부피와 무게가 절반이고 에너지 용량은 두 배이기 때문입니다.

코로나19 바이러스의 긍정적인 영향을 굳이 하나 뽑자면 지구 환경을 깨끗하게 만들었다는 것입니다. 2020년에 미국 내 이산화탄소 발생량이 전년 대비 10% 감소하였다는 보고도 있었습니다. 이러한 전세계적 추세를 잘 활용하여 과거로 돌아가지 않는 것이 중요하다고 생각합니다. 앞으로의 세상에서는 대면 회의가 적어지고, 재택근무를 하는 경우가 많아질 것입니다. 비대면 온라인 화상 회의와 전통적 대면 회의가 혼합적으로 사용되겠죠.

리튬이온배터리는 에너지 생산과 운송의 측면에서 세상이 전기 중심 사회로 전환하는 발판을 마련했습니다. 이제 깨끗한 지구 환경을 만들고, 리튬이온배터리를 보다 지속가능하게 발전시켜 지구 온난화를 늦추는 것, 그래서 우리 자녀들과 미래세대가 더 깨끗한 자연환경에서 살게 하는 것이 우리의 사명입니다.

재생에너지에 꼭 필요한
리튬이온배터리

미국에서는 이제 재생에너지가 확실히 비용면에서 효율적입니다. 예를 들어 텍사스주는 친환경적인 곳으로 알려져 있지도 않고, 관련 보조금도 지급하지 않습니다. 그런데 2020년 8월 텍사스주 전력망에서 생산된 전기의 94%가 재생에너지로 충당되었습니다. 태양, 풍력, 에너지 저장 장치가 대부분을 차지하며 가스가 약간 있고, 석탄은 거의 없습니다. 또한 현 시점에서 너무 비싼 원자력의 비중도 거의 없습니다.

전력업체들은 재생에너지가 낮은 비용과 적은 인력으로 생산되며 연료 비용이 거의 들지 않는 것을 깨닫고 있습니다. 하지만 재생에너지는 간헐적으로 생산되기 때문에 에너지 저장 장치가 필요합니다. 에너지 저장 장치가 상용화되면 전력 수요 급증에 대비한 피커 발전소(peaker plants) 등을 대체할 수 있습니다.

2020년 12월에 운영을 시작한 대규모 에너지 저장시설의 예를 들어보죠. 캘리포니아주 샌프란시스코에서 남쪽으로 약

1시간 거리인 모스랜딩(Moss Landing)에 있는 1.2GWh 규모의 리튬이온 에너지 저장 시설로, 현재 세계 최대 규모입니다. 원래는 천연가스 발전소가 있었지만 지금은 시설 안팎에 배터리가 잔뜩 설치돼 있습니다. 2021년에는 1.6GWh 규모로 확장될 예정이며 이후 6GWh까지 확장하도록 승인받았습니다.

배터리의 원리와 변천사

배터리는 어떻게 작동할까요? 그림 1-1과 같은 배터리의 원리에 대한 연구가 1970년대에 이뤄졌습니다. 배터리는 양극(cathode)과 음극(anode)의 두 전극(electrode)과 전해질(electrolyte)로 이뤄져 있습니다. 충전된 배터리를 방전하면 그림의 녹색 원으로 표현된 리튬이온이 음극에서 전해질을 통해 양극으로 이동하고 전자는 외부 회로를 통해 집전체(current collector)로 이동합니다. 이 과정에서 노트북이나 자동차를 움직이는 에너지가 발생합니다.

엑손(Exxon) 연구진은 처음에 음극재로 순수한 리튬을 사용했지만 화재나 폭발을 일으키는 덴드라이트(dendrite)를 형성하고 쇼트를 일으키는 문제가 있어 점차 리튬 알루미늄 합금으로 옮겨갔습니다. 하지만 리튬 알루미늄도 시간이 지날수록 한계를 보였습니다. 그러던 중 일본의 요시노 아키라(吉野

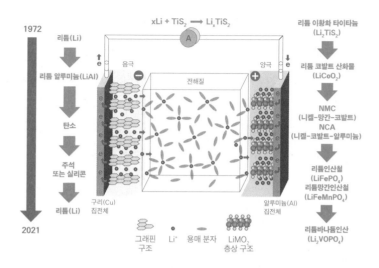

그림 1-1 이차전지의 구성 및 전극 소재의 발전 과정

彰)는 폴리아세틸렌(polyacetylene)을 연구하던 중 탄소 소재가 리튬에 잘 반응하여 에너지를 저장할 수 있다는 사실을 알아 냈습니다. 오늘날 음극재로 흑연이 사용되게 된 계기이죠.

배터리의 작동 원리를 이해하려면 인터칼레이션 (intercalation)이 무엇인지 알아야 합니다. 인터칼레이션의 사전적 의미는 4년마다 한 번씩 윤일인 2월 29일을 추가하고 빼는 것입니다. 반복이 가능한 가역적(reversible)인 절차입니다. 마찬가지로 화학에서의 인터칼레이션은 소재의 구조가 바뀌지 않으면서 정반응과 역반응이 영구히 반복되는 현상을 말합니다.

탄소로 이루어진 흑연은 1990년부터 30년 이상 음극재로 사용되고 있습니다. 탄소 음극재는 우수한 성능을 갖고 있지만 단위 질량당 부피가 크기 때문에 배터리 부피의 절반 이상을 차지하는 문제를 갖고 있습니다. 그래서 대체제를 찾는 연구들이 많은데 대표적으로 주석(Sn)이나 실리콘(Si) 등이 고려되고 있습니다. 또한 리튬 금속 음극재를 연구하는 사례도 있습니다.

저는 리튬 이황화 타이타늄 화합물(Li_2TiS_2) 양극재를 연구했습니다. 양극재로 사용되는 물질이 전자를 잘 전도하는 물질일수록 이온을 받아들이는 게 유리한데 이황화 타이타늄은 구조 내에 금속성 전도체를 포함하고 있기 때문에 리튬이온과 소듐이온, 마그네슘이온과 같은 다양한 양이온을 쉽게 전달할 수 있다는 큰 장점이 있습니다.

같은 시기에 존 굿이너프(John B. Goodenough) 박사는 리튬 코발트 산화물($LiCoO_2$)의 자기적 성질을 연구했는데 양극재에 리튬 이황화 타이타늄 대신 리튬 코발트 산화물을 적용해 해보기로 했습니다. 아시다시피 큰 성공을 거뒀죠. 오늘날 여러분의 휴대전화와 노트북에 사용되는 것도 리튬 코발트 화합물입니다.

그런데 코발트는 자원이 한정적이고 최대 생산국인 콩고에서는 어린이 노동 착취 문제도 있기 때문에 대량의 코발트를 지속적으로 공급하기엔 문제가 있습니다. 그래서 현재는 코발트의 상당수가 니켈, 망간으로 대체된 NMC(Nickel-Manganese-Cobalt) 양극재를 많이 사용합니다. 테슬라 등 일부 기업은 NCA(Nickel-Cobalt-Aluminum)를 사용하기도 합니다. 오늘날 가장 흔한 두 양극재입니다.

존 굿이너프는 몇 년 뒤 리튬인산철(LFP, Lithium Iron Phosphate) 양극재도 고안했습니다. 리튬인산철은 자연에서 생성되는 광물이며, 그동안 다양한 에너지 저장장치에 활용되어 왔습니다. 특히, 중국에서는 LFP 양극재를 사용한 배터리가 잘 상용화되어 있습니다. 또한 LFP 또는 LFMP에서 철(Fe)과 망간(Mn)을 바나듐(V)으로 대체하면 단위 구조에 리튬이온을 두 개 저장할 수 있게 되어 에너지 밀도가 거의 두 배가 되기 때문에 충분한 장점이 있죠.

아직은 '30점짜리' 배터리 에너지 밀도

"노벨상을 수상했다면 연구가 끝난 거 아닌가요?"라는 질문을 많이 받습니다. 그런데 오늘날 배터리의 에너지 밀도는 이론적 수치의 30%에도 미치지 못합니다.

화학 구조가 다른 5가지 배터리를 살펴봅시다(그림 1-2). 실제 부피당 에너지 밀도(Wh/L)는 이론치의 11~20% 정도에 그칩니다. 질량당 에너지 밀도(Wh/kg) 역시 25% 정도입니다.

화학식	사이즈	Wh/L 이론상 예상치	Wh/L 실제 수치	%	Wh/kg 이론상 예상치	Wh/kg 실제 수치	%
LiFePO$_4$	54208	1980	292	14.8	587	156	26.6
LiFePO$_4$	16650	1980	223	11.3	587	113	19.3
LiMnO$_4$	26700	2060	296	14.4	500	109	21.8
LiCoO$_2$	18650	2950	570	19.3	1000	250	25.0
Si/C//Li811 LG MJI(2019)	18650	2950	726	24.6	1000	260	26.0

그림 1-2   인터칼레이션 배터리의 '에너지 밀도' 한계

여전히 배터리 연구의 기회는 무궁무진합니다. 지금보다 훨씬 더 작고 저렴한 배터리를 만들 수 있다는 겁니다.

예를 들어 미국 에너지부(Department of Energy)는 '배터리 500' 프로젝트를 추진하고 있습니다. 목표는 배터리 질량당 에너지 밀도를 500Wh/kg까지 높이는 것입니다. 에너지 밀도 개선의 난관은 대부분 탄소 음극재와 관련돼 있습니다. 앞서 탄소 음극재가 배터리 셀 부피의 절반 이상을 차지한다고 말씀드렸죠. 탄소를 순수 리튬 금속으로 대체하는 것이 이상적이지만 실리콘(Si), 주석(Sn)-철(Fe) 합금도 고려해 볼 수 있습니다. 그리고 양극재 측면에서는 리튬 함량을 높이고 전이금속 함량을 줄이는 것이 에너지 밀도를 높이고 비용을 낮추는 방법입니다.

에너지 밀도를 높일 수 있는 또 한 가지 방법은 전극을 더

두껍게 만드는 겁니다. 그렇게 하기 위해서는 전도도가 훨씬 좋은 소재가 필요합니다. 금속성 전도체인 이황화 타이타늄과는 달리 그림 1-2에 포함된 양극재는 모두 탄소 도전재를 첨가해서 전도도를 인위적으로 높여야 합니다. 전도도가 높은 이상적인 양극재를 찾는다면 두꺼운 전극을 사용할 수 있게 되고 그 결과 에너지 밀도를 눈에 띄게 개선할 수 있을 겁니다.

에너지 밀도 개선을 위한 도전 과제

어떤 도전 과제가 있는지 좀 더 자세히 알아보겠습니다. 이해를 돕기 위해 층상 산화물 양극재부터 알아보겠습니다. 층상 구조는 샌드위치 구조로도 불립니다. 배터리의 역할은 리튬이온을 금속 산화물 사이사이에 샌드위치처럼 끼워 넣고 빼는 과정을 반복하는 거죠. 이 과정에서 금속 산화물 격자(lattice)는 5~10% 정도 확장 및 수축됩니다. 화학식은 다음과 같습니다.

$$Li_x[Ni,Mn,Co,Al]O_2$$

$$622 = LiNi_{0.6}Mn_{0.2}Co_{0.2}O_2$$

리튬이온 하나에 2개의 산소와 다양한 금속이 결합합니다. 배터리 양극재를 구분할 때 333, 622 등의 숫자를 보실 텐데, 622는 차례대로 60% 니켈, 20% 망간, 20% 코발트로 구성된 산화물임을 의미합니다. 전기차의 트렌드는 333에서 622로 넘어가고 있는데, 811을 쓰는 기업도 있습니다. LG에너지솔루션의 경우에도 원통형 811 양극재를 사용합니다. 최근 보도에 따르면 테슬라는 니켈 함량을 90%까지 올린 NCA를 사용하고 있습니다.

일반적으로 배터리의 에너지 밀도가 높아지면 열 안전성은 낮아지는 경향이 있습니다. 한국의 선양국 교수(한양대 에너지공학과) 그룹은 NMC 양극재의 용량과 열 안전성의 상호 경향을 보여주는 그래프(그림 1-3)를 발표한 바 있습니다. 높은 열 안정성을 원하면 Y축의 위쪽으로 가야 하고, 높은 용량을 원한다면 X축의 오른쪽으로 가야 합니다. 궁극적으로 높은 열 안전성과 용량 모두를 얻기 위해 오른쪽 위의 영역으로 가야 합니다.

왜 이것이 어려울까요? 니켈, 코발트, 망간의 함량에 따라 양극재의 화학적 특성이 변하기 때문인데, 일반적으로 니켈 함량이 높을수록 용량은 높아지는 반면 소재의 열 안전성은 낮아집니다. 높은 열 안전성을 위해서는 니켈 함량을 3분의 1이하로 유지해야 합니다. 반대로 용량을 높이려면 니켈을 85~90%까지 사용해야 합니다. 최근에는 이 딜레마를 해결하는 한 방법으로, NMC 소재에 소량의 알루미늄을 추가하여 성능을 개선한 NMCA 소재를 활발히 개발하고 있습니다. 오늘

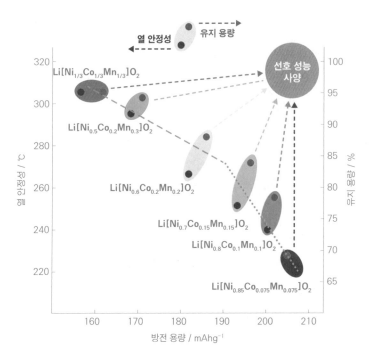

그림 1-3   리튬이온배터리의 열 안정성과 에너지 밀도 상관 관계

날 전자기기는 여전히 대부분 리튬 코발트 산화물을 사용하는 반면, 전기차 및 에너지 저장 장치 시장은 이 NMCA 양극재가 지배하다시피 하고 있습니다.

배터리의 성능과 더불어 제조단가 또한 고려되어야 할 중요한 요소입니다. 앞서 언급한 비용과 환경 문제, 어린이 노동 착취 문제가 있기 때문에 코발트를 전부 또는 최대 90%까지 제거한 '코발트-프리(Cobalt-free)' 배터리 연구가 주목받고 있고 그 다음으로 비용이 높은 니켈도 제거하려고 하고 있습니다. 한편으로는 비용이 가장 낮은 망간 함량을 늘리는 방향으로 연구가 진행될 가능성도 있습니다.

'배터리 500' 프로젝트의 최근 성과들

'배터리 500' 컨소시엄의 최근 연구 결과를 보겠습니다. 워싱턴주 퍼시픽 노스웨스트 국립연구소(PNNL)의 연구를 바탕으로 한 것입니다. 니켈 함량 60% NMC를 기준 소재로 선정하였고 컨소시엄 내 모든 연구에서 한국 이차전지 업체 에코프로의 동일한 소재를 사용했습니다. 연구 결과를 보면 최초 목표인 무게당 에너지 밀도 350Wh/kg 이상을 달성했습니다.

2017년에는 에너지 밀도 300Wh/kg 수준에서 수명 성능 50사이클 정도를 달성했습니다(그림 1-4). 2018년에는 동일 수준의 에너지 밀도에서 200사이클을 넘었고, 2019년에는 350Wh/kg 에서 250사이클을 기록했습니다. 2020년 9월에는 350Wh/kg에서 400사이클에 도달했죠. 이 소재의 부피당 에너지 밀도는 700Wh/L 정도입니다. 가공한 데이터가 아닌 실제 실험 결과입니다. 하지만 이 정도로는 에너지 밀도 500Wh/kg 수준에 도달하기엔 부족합니다.

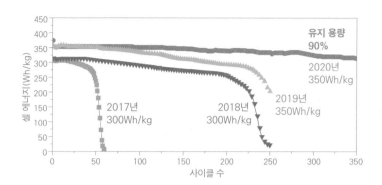

그림 1-4   배터리 수명 성능 대비 질량당 에너지 밀도 변화

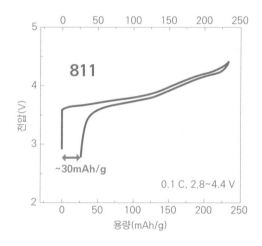

그림 1-5   'NMC811 전극' 첫 사이클의 충전 용량 손실

그림 1-5의 배터리 충·방전 사이클을 살펴보겠습니다. 완전 충전하면 약 230mAh/g의 에너지 용량을 얻는데 방전하는 과정에서 30mAh/g 정도가 손실됩니다. 첫 사이클부터 충전 용량의 10~20% 정도를 잃게 되는 것입니다.

왜 이런 문제가 발생할까요? 이는 리튬이온이 격자 구조를 채우는 과정(lithiation, 방전)에서 확산 속도가 저하되기 때문입니다. 빈 강의실을 학생들로 채운다고 상상해 봅시다. 처음에는 아주 빠른 속도로 채울 수 있을 겁니다. 그런데 3분의 2 지점 이후부터는 학생들의 확산 계수가 급격히 떨어집니다. 강의실 중간 중간의 빈 자리를 다 채우기 위해 이미 자리를 잡은 학생들도 함께 움직여야 하는 상황이죠. 반대로 리튬을 빼내는 과정(delithiation, 충전)은 수월합니다. 가득 찬 강의실을 비교적 빠르게 비울 수 있듯이 말입니다. 급속 충전이 가능한 원리이죠.

이 용량 손실 문제는 과연 해결 가능할까요? 우리는 온도를 바꿔 봤습니다. 온도를 높여 리튬이온의 이동 속도를 높인 것이죠.

배터리의 충전 전압을 4.2V에서 4.8V까지 총 4가지로 설정한 후 상온에서 배터리 충·방전을 진행하면 그림 1-6의 왼쪽과 같은 용량 손실이 발생합니다. 점선에서 보이는 것과 같이 방전 후 장시간 전압을 유지시키면 손실된 용량의 일부분이 회복됩니다. 이를 통해 방전 이후에도 리튬이온이 음극에

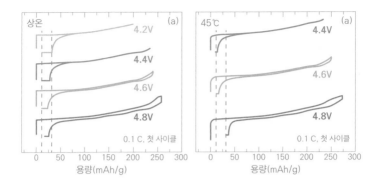

그림 1-6 충전 전압 및 온도 변화에 따른 배터리 충·방전 사이클 변화

서 양극으로 확산되는 것을 알 수 있습니다.

실험 온도를 상온에서 45°C로 올린 후 충·방전을 진행하면, 4.4V와 4.6V 전압에서 용량 손실이 대폭 개선됩니다. 반면에 45°C환경에서 충전 전압을 4.8V까지 높이는 경우, 양극의 층상 구조가 불안정해지며 더 큰 용량 손실이 발생합니다.

결과적으로 니켈 80% 층상 산화물을 충·방전하는 경우, 상온 조건에 비해 45°C 조건에서 훨씬 낮은 용량 손실을 보입니다. 방전 이후 전압을 100시간 정도 유지하여 격자 전체를 리튬화(lithiation)할 수 있습니다.

그런데 리튬 코발트 산화물은 상온 조건에서도 미미한 용량 손실이 발생합니다. 45°C 조건과 큰 차이가 없죠. 여기에서 영감을 얻어 NMC 층상 산화물 구조의 원소를 대체하거나 추가로 합성하여 리튬 코발트 산화물과 같이 적은 용량 손실을 구현했습니다. 먼저 NMC 소재에 니오븀(Niobium, Nb)을 각각 1%, 2%, 3%만큼 첨가한 후 충·방전을 진행했습니다. 니오븀을 첨가하지 않은 소재에 비해, 1~3%의 니오븀을 첨가한 소재는 용량 손실이 극적으로 감소하였습니다. 이처럼 층상 구조 내 원소를 변경해서 용량 손실을 줄이는 연구도 지속되고 있습니다.

배터리 양극재의 역사:
타이타늄에서 바나듐까지

$$Li_xTiS_2 \implies Li_xMoS_2 \implies Li_xCoO_2(NMCA)$$
$$\implies Li_xFePO_4 \implies Li_xVOPO_4$$

배터리의 역사는 이황화 타이타늄에서 시작했습니다. 이후 몰리 에너지(Moli Energy)의 제프 단(Jeff Dahn)이 타이타늄을 몰리브데나이트(molibdenyte)로 대체해 리튬 이황화 몰리브덴(LixMoS2) 상용화에 성공했습니다. 이 소재는 몇 년 동안 사용됐지만 덴드라이트 형성과 관련한 사고가 몇 차례 발생한 후 결국 판매가 중단되고 지금은 일반적인 리튬이온배터리를 양산하고 있습니다. 다음으로 존 굿이너프가 리튬 코발트 산화물과 리튬인산철 양극재를 발명했습니다. 층상 산화물은 산소를 발생시켜 화재를 일으킬 수 있는 반면, 리튬인산철은 산소를 방출하지 않고 리튬이온이 터널 구조 안에 머무르기 때문에 훨씬 안정적입니다. 충·방전 용량 손실도 매우 적어 1,000 사이클을 거치는 동안 거의 동일하게 작동합니다. 이상적인 소재 같지만 에너지 밀도가 낮아 실용성이 떨어집니다. 그래서 기존의 충전 전압 3.4V의 리튬인산철에 비해 에너지 밀도를 높이기 위해 충전 전압 4V의 리튬망간인산($LiMnPO_4$) 연구가 진행되고 있습니다.

또한 에너지프론티어연구센터(EFRC)에서는 바나듐인산(Li_2VOPO_4)을 사용해 단위 구조에 리튬이온 두 개를 넣어서 부피를 늘리지 않고 에너지 밀도를 높이는 성과를 냈습니다. 이 소재는 리튬인산철과 같은 터널 구조이며 리튬이온이 소재 내에서 세 방향으로 이동 가능합니다. 사면체형 인산 또는 비틀린 팔면체형 바나듐 산화물에 두 개의 리튬을 저장할 수 있어 하나를 저장하는 다른 소재에 비해 높은 에너지밀도를 가집니다. 또 하나의 큰 장점은 부피가 8%만 팽창된다는 것입니다. 이는 흑연이나 이황화 타이타늄의 부피 팽창률과 비슷합니다.

이 소재는 몇 가지 극복할 과제를 가지고 있습니다. 먼저 4V 고전압 반응은 2상 반응(two-phase reaction)인데 이 때 반응 속도를 높이면 층상 산화물과 마찬가지로 리튬이온의 확산이 느려져 에너지 밀도를 잃게 됩니다. 이에 비해 2.5V 저전압 반응의 경우, 단상 반응(single-phase reaction)이기 때문에 반응 속도와 상관없이 용량이 동일하게 유지됩니다. 그래서 우리는 리튬인산철의 경우처럼 구조 내부를 변경해 고전압에서도 단상 반응이 나타나도록 하는 연구를 진행 중입니다.

배터리 업계가 당면한 문제들, 어떻게 변화될 것인가?

지금 배터리 업계는 어떤 상황이고, 앞으로 어떻게 변화할까요? 리튬이온의 인터칼레이션을 이용하는 층상 구조 산화물은 향후 5~10년 동안 지배적인 입지를 유지할 것입니다. 그리고 비용이 저렴한 인산, 철, 망간 그리고 바나듐 등의 시장이 더 커질 거라고 봅니다.

층상 산화물 소재의 가장 큰 문제는 안전성입니다. 더 안정적인 전해질이 필요합니다. 전해질은 1990년 이후로 변하지 않았는데 이론상 고체 전해질은 액체 전해질에 비해 훨씬 더 안정적입니다. 관건은 고체 전해질이 필요한 에너지 밀도를 제공하느냐는 것입니다. 몇몇 전고체 배터리는 이미 양산 중입니다. 대부분 공유 차량 업체나 버스, 트럭 등의 플리트(fleet) 차량 위주로 적용 중입니다. 일반 승용전기차에도 사용될 수 있을까요? 배터리 제조사 블루 솔루션(Blue Solutions)은

2025년까지 상온에서 운용가능한 승용전기차 배터리를 개발하겠다고 밝혔습니다.

기후 변화와 관련해서도 몇 가지 문제들이 부상하고 있습니다. 새로운 배터리 제조 기술이 필요합니다. 오늘날 1KWh 배터리를 만들려면 60~80KWh 에너지가 필요합니다. 코발트, 리튬 등 원재료 금속을 회수해 재활용할 수 있는 지속가능한 청정 기술이 필요합니다.

또한 배터리 공급망의 지역화도 중요한 이슈입니다. 배터리 완성품이 나오기까지 소재가 지구를 2~3 바퀴씩 돌아야 하는 것은 효율적이지 않습니다. 예를 들어 흑연 음극재의 경우, 호주나 아프리카에서 채광하여 중국으로 보내 정제하고, 그걸 한국, 미국, 유럽으로 보내서 배터리를 만드는 데 사용합니다. 따라서 지역 공급망이 필요합니다. 유럽이 좋은 예시입니다. 유럽은 지난 3~4년 동안 수십억 달러 프로그램을 시행해서 채광부터 완성품에 이르기까지 전 과정을 수직계열화 중이며 가장 에너지가 많이 소요되는 공정은 친환경 수력발전이 용이한 스칸디나비아 반도에서 실시하고 있습니다.

아직은 확실한 해답이 없는 질문도 있습니다. 단가가 낮고 안전한 인산철 소재가 왜 더 많이 사용되지 않을까요? 테슬라가 유럽과 미국 시장에서 판매하기 위해 중국에서 생산하는 전기차에 리튬인산철을 사용하겠다고 발표했습니다. 즉, 업계가 변화하고 있다고 할 수 있죠. 하지만 이런 인산철 소재가 좋은 대체재가 될 수 있음에도, 한국과 미국 업체 대부분은 산화물을 사용하고 있습니다. 초기에 미국에서는 A123이 리튬인산철을 사용했으나 그 회사도 이제는 모두 층상 산화물을 쓰고 있습니다. 인산철의 안정성을 포기할 정도로 소비자들에게에너지 밀도가 중요할까요? 만약 그렇다면 리튬 이외 모든 기술은 결국 사라지고 말 것입니다. 리튬의 에너지 밀도가 가장높으니까요.

노벨상의 교훈: 젊은 과학도들에게

끝으로 제가 노벨 화학상 시상식에서 언급했던 세 가지를 다시 말씀드리겠습니다. 특히 젊은 독자 분들에게 꼭 말해주고싶은 내용인데, 바로 과학은 학제간 연구라는 것입니다. 연구내용이 화학, 물리학, 기계공학 등의 특정 분야로 깔끔하게 나뉘어 떨어지지 않습니다. 2019년 노벨 화학상 수상자를 보시면 저는 화학자, 존 굿이너프는 물리학자, 요시노 아키라는 공학자입니다.

그리고 과학에는 국경이 없습니다. 거브랜드 시더(Gerbrand Ceder) 박사와 저는 미국에서 활동하고, 이 자리에함께한 다른 교수님들은 한국에 계시죠. 저는 영국에서 태어났지만 미국에서 연구 커리어를 쌓았습니다. 존 굿이너프 박사는 독일에서 태어났지만 미국에서 성장했고 영국 옥스퍼드에서 주된 연구 성과를 냈습니다. 그리고 요시노 아키라 박사는 일본에서 연구를 했죠. 리튬이온배터리라는 하나의 기술에 세 개의 대륙이 연관된 것입니다. 이런 국경을 넘어선 협업이 자주 요구됩니다.

이러한 협업에서 중요한 또 한 가지는 서로의 문화를 이해해야 한다는 것입니다. 미국, 유럽, 한국의 환경과 사고방식이 서로 다르고, 사람을 대하는 문화도 다릅니다. 차이에 대한 이해를 갖춰야 하지만, 결국에는 과학이라는 공통된 언어로 소통해야 합니다. 엔지니어는 사용자의 안전을 위협하는 회사 지침에 당당하게 항의해야 합니다. 그렇지 않으면 운용 중인 배터리에 화재가 발생하고 피해가 발생하죠. 과학자가 팩트를 기반으로 "안 됩니다. 에너지 밀도를 더 높일 수 없습니다"라고 말할 수 있는 문화가 자리잡아야 합니다.

마지막으로, 친환경 에너지 사회를 구현하기 위해 에너지 저장 기술이 꼭 필요하다는 것을 강조하고 싶습니다. 에너지 저장 기술의 발전이 지구 온난화의 완화에 기여하고 더 효율적인 전력망 구축에 주춧돌이 되어 줄 것입니다.

2

리튬이온배터리의 발전과 대체 기술

Progress in Li-ion Energy Storage and Alternative Technologies

거브랜드 시더

Gerbrand Ceder

– UC버클리 공과대학 대니얼 M. 텔렙 석좌교수
– UC버클리 재료공학 박사
– 리튬이온배터리, 전고체 배터리 등
  대안 에너지 저장장치 관련 연구
– 미국 국립공학아카데미(NAE) 회원
– 벨기에 왕립 플랑드르 과학·예술 아카데미 펠로우

이 장에서는 배터리 기술이란 무엇인가, 이 기술은 지금 어디쯤 와 있는가, 그리고 어디로 가는가에 대해 말씀드리겠습니다. 그리고 배터리 기술이 중요한 이유와 이 분야에서 혁신을 일으킬 수 있는 새로운 기회가 무엇인지에 대해서도 살펴보겠습니다.

저는 운이 좋게도 UC버클리와 로렌스 버클리 국립연구소(LBNL, Lawrence Berkeley National Laboratory) 양쪽에 소속돼 있습니다. 이곳에서는 많은 이들이 컴퓨터 모델링, 에너지 저장 장치(ESS, energy storage system), AI 등의 여러 분야를 연구합니다.

우리 연구실은 40명 정도의 학생과 박사후 연구원들로 구성돼 있습니다. 특이한 점은 이 연구실이 여러 기초과학 및 응용과학 전공자들이 뒤섞인 조직이라는 것입니다. 에너지 저장 장치에 대한 대형 응용과학 프로그램을 운영하지만, 연구원

중에는 양자역학이나 AI를 연구하는 사람도 있습니다. 그래서 다양한 분야로부터 영감을 받기에 매우 좋은 환경이며, 종종 새로운 것을 시도하기도 합니다.

휴대전화 켜던 배터리,
이젠 비행기도 날리다

많은 사람들이 배터리에 관심을 갖는 이유는 지금의 세상을 보면 알 수 있습니다. 최근에 나온 BP 에너지 전망에 따르면, 2040년엔 1차 에너지(천연 상태에서 산업 원료나 냉난방 등 사회 전반에 공급되는 에너지)의 70%가 전력 생산에 사용된다고 합니다. 오늘날 1차 에너지의 30%만이 전력 생산에 사용되니 놀라운 수치이죠. 그리고 2040년 1차 에너지 공급의 40%는 재생에너지로 충당될 겁니다. 그렇다면 전력 생산의 절반 이상은 재생에너지로 이뤄진다는 의미입니다. 또한 2040년 자동차 총 주행 거리의 30%는 가솔린이나 디젤이 아닌 전기가 동력원이 될 겁니다. 이것은 도로 위 모든 자동차의 30%가 전기차가 된다는 건 아닙니다. 하지만 자동차 주행의 상당 부분이 전기로 전환될 겁니다.

그렇다면 다양한 규모의 에너지 저장 장치가 필요할 겁니다. 노트북과 휴대전화도 전기 에너지를 사용합니다. 벽에 플러그를 꽂는 것보다 훨씬 뛰어난 무선 충전 도구도 있죠. 일부 전력망에도 에너지 저장 장치를 사용하고 있습니다. 항공우주 산업계를 포함하여 배터리를 사용하는 산업의 범위가 점점 커지고 있습니다. 20년 전만 해도 비행기에 배터리가 들어갈 거라고 하면 사람들의 비웃음을 샀을 겁니다. 하지만 오늘날은 1~2시간짜리 짧은 항공편의 경우 전기 비행이 효율이 높고 오염과 소음이 적어 항공사들이 큰 관심을 보입니다. 소음 문제로 도심 공항을 운영할 수 없는 자정부터 오전 6시까지의 시간에도 전기 비행기는 이착륙이 가능합니다.

'원전급' 태양광 발전소를 짓는
세상이 오다

그림 2-1은 2019년 4월 1일 하루 동안의 미국 캘리포니아주 전력 수요와 공급 추이를 보여줍니다. 파란색 곡선이 실제로 생산된 전력입니다. 화살표로 나타낸 부분은 태양광으로 충당됩니다. 실제 기가와트시(GWh)급 재생에너지 생산이 이뤄지고 있습니다. 중동에선 130억 달러 규모의 기가와트급 태양광 발전소를 건설 중입니다. 1GWh는 대규모 원자력 발전소 하나에서 생산하는 전력에 해당합니다.

오전 7시부터 정오까지 전력 생산이 감소하는 구간

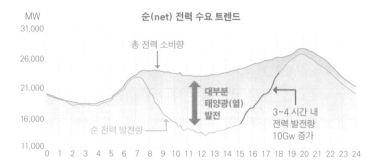

그림 2-1 미 캘리포니아주 전력망 운용 현황(2019년 4월 1일)

이 있는데 대규모 발전소 10기 규모에 맞먹는 정도로 가동을 중단했다가 3~4시간 후에 재가동해야 합니다. 그런데 20~25GWh 규모의 에너지 저장 장치를 설치한다면, 앞서 생산된 예비 전력을 저장했다가 이후에 효율적으로 사용하는 것이 가능합니다. 설비 투자에 약 200~300억 달러 규모의 큰 금액이 들어가지만 캘리포니아주의 전력 회사들의 연간 총 매출이 350억 달러 정도인 것을 감안하면 10년 주기 투자 관점에서 불가능한 문제는 아닙니다.

　풍력이나 태양광 발전의 간헐성이 문제가 된다고 하는데 현존하는 기술로도 충분히 해결 가능합니다. 기술을 적재적소에 사용하는 것이 문제이죠.

1년이면 짓고 가동하는 '발전소'

10Wh 수준의 휴대기기용으로 개발됐던 리튬이온배터리는 이미 수십KWh 수준의 전기차와 100MWh 수준의 전력망에도 사용되고 있습니다.

2017년 테슬라의 일론 머스크(Elon Musk)는 호주 남부 혼스데일(Hornsdale)에 129MWh급 에너지 저장 시설을 지었습니다. 당시 머스크는 계약 체결 이후 100일 내 완공을 호언해 화제를 모으기도 했지요. 운용 첫 해에 차익으로 2,500만 달러를 남겼습니다.

캘리포니아주는 2GWh 정도의 에너지 저장 시설을 지어 피커 발전소(peaker plant)를 대체하려고 합니다. 리튬이온배터리를 이용한 시설입니다. 주목할 점은 2019년에 주 의회의 승인을 받았는데 이미 그해 10월부터 가동을 시작한 곳도 있고, 이듬해 12월에는 모든 시설이 가동에 들어갔다는 것입니다. 승인을 받고 1년 내에 리튬이온 에너지 저장 시설을 가동할 수 있는 겁니다. 다른 어떤 산업 기술로도 1년 만에 발전소를 짓지 못합니다. 원자력 발전소는 더더욱 그렇죠.

전기화학 에너지 기술의 장점은 또 있습니다. 콘크리트 바닥만 있으면 그 위에 배터리를 설치할 수 있습니다. 그래서 저는 리튬을 배터리 산업계의 실리콘이라고 빗대곤 합니다. 모두가 대체될 거라곤 하지만 실제로 대체하기가 아주 어렵습니다. 현재를 지배하는 기술이죠. 가격도 매우 낮아지고 시장이 크게 성장했습니다. 2000년에는 2GWh의 리튬이온배터리를 겨우 생산했지만 현재는 200GWh 정도 생산 중이고 2028년에는 1TWh를 생산할 것으로 보고 있습니다.

리튬이온배터리,
자원과 효율의 '한계'

하지만 도전과제도 있습니다. 생산량이 TWh까지 커지면 문제가 생길 겁니다. 가장 큰 문제는 양극재입니다. 배터리 산업계에서 양극재는 항상 승자독식 체제를 유지해 왔습니다. 좋은 양극재가 하나 있으면 그걸 변형해 모든 분야에 수평전개합니다.

현재 주류 기술은 NMC(Nickel-Manganese-Cobalt) 양극재인데 사용처에 따라 이것들을 다른 비율로 섞습니다. 전자기기 분야에서는 아직 순수 리튬 코발트 산화물을 사용하고, 초기 플러그인 하이브리드 전기차(PHEV)에서는 니켈, 코발트, 망간을 1:1:1 비율로 사용했습니다. 오늘날 자동차 산업계 표준은 니켈 60%, 망간 20%, 코발트 20%가 포함된 NMC622입니다. 니켈 함량이 높을수록 에너지 밀도가 더 높아지고 코발트가 단가가 비싸기 때문에 니켈 함량을 높인 811과 955도 사용됩니다.

　니켈을 쓰든 코발트를 쓰든 1TWh의 리튬이온배터리를 생산하려면 금속이 100만톤은 필요합니다. 연간 12만톤밖에 생산되지 않는 코발트로는 지속 불가능합니다. 니켈 생산량은 1년에 220만 톤 정도입니다. 1TWh의 리튬이온배터리를 만들려면 전 세계 니켈 생산량의 40%가 필요한 겁니다. 배터리 산업계는 건축자재인 스테인리스강(stainless steel)에 니켈을 많이 사용하는 건설업계와 경쟁해야 합니다. 뿐만 아니라 니켈을 촉매나 합금으로 사용하는 다른 산업계와도 경쟁을 해야 하죠. 배터리 2TWh가 필요하다면 지금의 니켈 생산량을 훨씬 뛰어넘는 니켈이 필요합니다. 니켈 수급은 곧 임계점에 다다를 겁니다.

'코발트·니켈 중독'에 빠진
배터리, 해법은?

문제의 원인이 무엇일까요? 왜 이렇게 니켈이나 코발트에 의존하게 되었을까요? 이를 알아보기 위해서는 잠깐 재료공학에 대해 설명하겠습니다.

　오늘날 모든 양극재는 층상 구조로 되어 있습니다. 산소층이 있고 그 사이에 니켈이나 코발트같은 금속과 리튬이 들어

갑니다. 배터리를 충전하면 리튬이온이 양극에서 음극인 흑연으로 이동해 보관됩니다. 그리고 배터리 방전 시에는 리튬이온이 양극으로 다시 이동하죠. 그런데 배터리 용량을 높이기 위해 리튬이온을 과다하게 끄집어내면 양극재에 빈 공간이 생깁니다. 그러면 양극재를 이루고 있는 금속 원자들이 움직이기 시작하고 원자가가 높은 금속 원자들로 인해 주변 산소층이 수축하게 됩니다. 그 결과 리튬이온의 이동성이 줄어들죠. 리튬이온의 이동성이 확보되어야 전극 간 이동이 가능한데, 산소층이 수축하면 이것이 사라지기 때문에 충·방전 시간이 길어지고 배터리 기능성이 떨어집니다.

14년 전에 이 문제를 발견한 사람이 바로 MIT에서 연구하던 강기석 교수(서울대 재료공학부)입니다. 주기율표에서 양극재로 사용 가능한 원소는 제한되어 있습니다. 코발트, 니켈을 쓸 수 있고 망간도 안정제로 사용하는 정도이죠.

가끔 과학자들이 고려해야 할 원소 배합이 너무 많다고 불평하곤 하는데, 저는 오히려 모자란다고 생각합니다. 원소의 전자 구조와 관련된 물리적인 한계가 있기 때문에 배합이 제한적입니다. 현재의 배터리 기술로는 코발트와 니켈, 그리고 망간을 쓸 수 있습니다. 새로운 니켈 광맥을 찾아내거나 니켈이 풍부한 필리핀으로 가는 것 외에 별다른 방법이 없습니다.

재료의 '저주' 풀기,
현대의 연금술사 'AI 실험실'

어떻게 이 저주를 풀고 더 저렴하고 에너지 용량이 큰 배터리를 만들 수 있을까요?

이를 위한 방법론이 전산재료설계(computational materials design)입니다. 제가 오랫동안 연구 중인 분야인데, 전산재료과학은 양자역학처럼 젊은 학도들에게 모든 문제를 해결할 수 있을 것 같은 기대를 품게 하는 학문입니다.

물론 모든 문제를 풀 수는 없습니다. 그러나 이 학문 덕분에 지난 30년 동안 재료의 특성을 아주 잘 예측할 수 있게 되었습니다. 일종의 가상 실험실을 갖게 되었기 때문입니다. 재료에 대한 아이디어를 가상 공간에서 실험하고 특성을 예측하는 거죠. 제가 박사 과정을 밟았던 1980년대부터 1990년대까지 크게 성장한 분야입니다.

컴퓨팅은 반복을 통한 규모 확장이 가장 쉬운 분야입니다. 코딩을 한 번 하기만 하면 컴퓨터의 연산능력에 따라 천 번, 만 번도 계산할 수 있습니다. 실제로 2000년대 중반에 고성능 컴퓨팅을 시작한 이래 오늘날에는 지금까지 알려진 모든 무기화합물의 특성을 단 며칠 만에 평가할 수 있는 수준에 이르렀습니다. 현재 알려진 무기화합물이 10만개 정도 되는데, 이들의 유전상수(dielectric constant)를 컴퓨터로 일주일이면 계산할 수 있습니다.

UC버클리와 LBL의 동료인 크리스틴 폴슨(Kristin Paulson)은 세계에서 가장 많이 사용되는 전산재료설계 환경을 구축하고 있습니다. 매일 수천 명이 사용하죠. AI 기반 재료공학 분야에서 가장 많은 데이터를 제공하는 소스이기도 합니다. 이 프로젝트를 통해 새로운 이온 전도체, 양극재, 삼중전도산화물(TCO, triple conducting oxide) 등의 개발이 이뤄졌습니다.

그러면 새로운 양극재 설계도 가능할까요? 층상 구조 양극재에서 새로운 것을 시도하기는 쉽지 않습니다. NMC 재료를 약간 개선할 수는 있겠지만 화학적 한계를 벗어날 수가 없죠. 그래서 우리가 선택한 아이디어는 층상 구조를 포기하고 불규칙 구조를 택하는 것이었습니다. 자연적인 구조 그대로를 양극재로 사용하는 방법을 찾고자 한 것이죠. 그렇게 할 수만 있다면 코발트와 니켈뿐 아니라 주기율표의 모든 원소를 사용할 수 있겠죠.

2014년쯤 당시 제 박사과정 학생이었던 서울대 출신 이진혁 교수(캐나다 맥길대 재료공학부)와 함께 리튬이온의 확산 메커니즘을 주의 깊게 살펴봤습니다. 그리고 불규칙 구조 내에서 리튬이 오직 다른 리튬에만 둘러싸여 이동성이 확보되는 환경이 발생한다는 사실을 알아냈습니다(그림 2-2 왼쪽). 불규칙 구조 양극재 내에 이러한 환경이 통계적으로 충분히 반복되기만 한다면 리튬이온이 정해진 확산 경로가 아닌 무작위 경로를

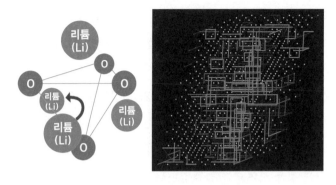

**그림 2-2   전이금속 없이 리튬으로만 둘러싸인 환경(왼쪽)과
불규칙 구조 양극재 내 리튬이온의 무작위 확산 경로(오른쪽)**

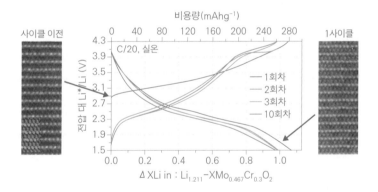

그림 2-3   비정질 암염(DRX, disordered rocksalt) 양극재의 성능 테스트

통해 자유롭게 확산될 수 있는 것이죠(그림 2-2 오른쪽).

이러한 양극재의 성능을 검증한 첫 사례를 2014년 사이언스지에 발표했습니다. 이 재료는 처음에는 층상 구조를 유지하고 있지만 한 사이클이 지난 후 거의 완전한 불규칙 구조로 변합니다. 그러나 충·방전 성능에는 문제가 없고 용량도 아주 높습니다. 불규칙 양극재로 배터리 기능을 충분히 구현할 수 있다는 것을 보여주는 증거입니다.

배터리의 새 지평:
새로운 '불규칙 양극재'가 쏟아지다

이 발견으로 인해 배터리 화학의 새로운 지평이 열렸습니다. 2018년까지 살펴본 바에 따르면 망간(Mn), 철(Fe), 타이타늄(Ti), 몰리브덴(Mo), 니오븀(Nb), 크롬(Cr), 옥시플루오라이드 등 양극재의 화학적 유연성이 크게 증가했고 수많은 불규칙 구조 양극재가 논문에서 다뤄집니다.

소재 관점에서도 중요하지만 이러한 양극재들은 훌륭한 에너지 특성도 갖고 있습니다. 이 중 몇몇 양극재는 1,000Wh/kg 또는 300mAh/g 수준의 에너지 밀도를 갖고 있습니다. 다만 전압 프로파일이 층상 양극재와 다르기 때문에 배터리 구조도 변화해야 합니다.

사이클 수명도 아주 좋습니다. 기존 배터리 양극은 불소화가 잘 안 되는데 비해, 아직 시험 단계이지만, 이 양극재는 불소화가 가능하기 때문에 성능도 아주 좋습니다. 전기화학에서 불소(fluorine)는 가장 유용한 원소 중 하나입니다. 불소에서 전자를 분리하기 아주 힘들기 때문에 양극재에 매우 안정적인 환경을 만듭니다.

오늘날 대다수 양극재는 산화물인데, 산소에서 전자가 분리되면 산소가 방출되어 전해액을 연소시킵니다. 전해액은 산소에 노출되면 쉽게 불이 붙는 유기 용액이기 때문에 배터리 안전성에 문제가 생기는데, 양극재 불소화는 이를 해결할 방법 중 하나가 될 수 있습니다.

불소화된 산화물인 옥시플루오라이드 양극재를 고전압인 5V까지 충전하고 산소 방출량을 관측해봤습니다. 일반 산화

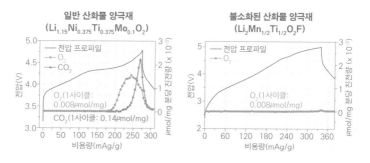

그림 2-4 　불소화 가능한 비정질 암염(DRX) 소재

물 양극재는 4.3V에서 이미 산소가 많이 방출되는 데 비해 불소화된 소재는 5V에서도 산소가 나오지 않는 것을 확인할 수 있습니다.

지금까지 비정질 암염(DRX, disordered rocksalt)이라 불리기도 하는 옥시플루오라이드가 많이 개발되었는데 모두 높은 에너지 밀도를 가졌습니다. 그런데 연구실에서 아무리 흥미롭고 좋은 재료라 해도 상용화 단계까지는 아주 오랜 시간이 걸리고 많은 검증 단계를 거쳐야 합니다. 제품성을 갖추기 위해선 모든 부분이 맞아떨어져야 합니다.

'더 다양한 배터리'
자원의 한계를 넘어서

새로운 화학적 접근이 미래의 리튬이온배터리 소재 문제를 해결할 수 있다는 점은 괄목할 만합니다. 리튬 대체재를 찾아낼 수 있을까요? 아니면 리튬은 배터리 산업계에서 실리콘의 지위를 유지하며 20년 후에도 사용되고 있을까요?

여러 가지 가능성을 생각해 볼 수 있습니다. 모든 측면에서 리튬이온을 능가할 새로운 기술을 찾는 건 매우 어렵다고 봅니다. 하지만 그럴 필요가 없을지도 모르죠. 저렴한 가격, 높은 안정성, 에너지 용량 등 원하는 목적에 따라 다른 기술을 선

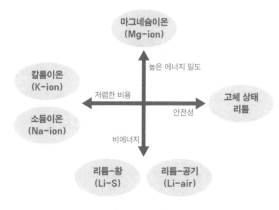

그림 2-5 리튬이온을 넘어서

택할 수도 있습니다(그림 2-5).

저렴한 가격을 원하면 소듐(Na)이나 칼륨(K)을 고려할 수 있습니다. 유용한 특성을 가졌지만 아직 주목을 별로 받지 못하고 있는 원소입니다. 만약 항공기처럼 무게가 중요한 경우 리튬-황 배터리나 리튬-공기 배터리가 적절할 수 있고, 높은 에너지 밀도와 안전성이 중요하다면 마그네슘(Mg)이온배터리나 전고체 리튬 배터리 등의 선택지도 있습니다.

비용과 자원 측면에서 산업계가 소듐이온에 좀 더 관심을 가져야 합니다. 리튬이온배터리와 동일한 구조이기 때문에 새로운 생산 기술 없이도 쉽게 생산할 수 있습니다. 또한 대부분의 소듐 양극재는 코발트가 함유돼 있지 않고 많은 경우 니켈

조차 함유돼 있지 않기 때문에 가격이 훨씬 저렴합니다. 오늘날 리튬이온배터리 단가의 3분의 1 이상을 결정하는 것이 양극재 가격인데 소듐이온 양극재가 좋은 대안이 될 수 있습니다. 지금 산업계는 지배적인 기술 외에는 큰 관심을 가지지 않는 것 같습니다. 물론 5년, 10년 뒤를 내다본다면 그때에도 리튬이온배터리가 시장을 주도하고 있을 테니 큰 문제가 없을 겁니다. 그러나 장기적으로는 전력망같이 비용에 민감한 적용 사례를 중심으로 소듐 기술을 고려할 필요가 있습니다.

제가 연구했던 또 하나의 원소 중 마그네슘(Mg)이 있습니다. 마그네슘의 아주 흥미로운 장점은 부피당 에너지 밀도가 매우 높다는 것입니다. 휴대용 전자기기, 자동차 등 부피당 에너지가 중요한 사례에는 마그네슘을 음극재로 사용하여 높은 에너지 밀도를 달성할 수 있습니다.

JCESR(Joint Center for Energy Storage Research)에서 2000년에 황화 몰리브덴 기반 초기 마그네슘이온배터리를 개발했습니다. 당시 리튬이온배터리의 충·방전 수명이 2,000사이클 이하였는데, 마그네슘이온배터리는 이미 수천번의 충·방전이 가능해 더 뛰어난 성능을 보였습니다. 그 이후로 전압을 높이기 위한 전해질과 에너지 밀도를 높여줄 양극재 두 가지가 필요했습니다. 전압을 4V까지 높일 수 있는 전해질을 찾는 데에는 성공했지만, 적절한 양극재를 찾기 위해 아직 많은 양의 컴퓨팅 연산을 수행 중입니다. 마그네슘은 2가 이온이기 때문에 충·방전 시 확산 속도를 높이기가 쉽지 않습니다. 몇 년 전 아황산염 스피넬을 양극재로 사용해 기존 마그네슘이온배터리 대비 두 배의 에너지 용량을 달성했지만, 아직 시장에서 경쟁하기에는 부족한 점이 있습니다.

마지막으로 최근 많은 관심을 받고 있는 고체 리튬이온배터리에 대해 몇 가지 말씀드리겠습니다. 고체 배터리가 주목을 받는 이유는 안전과 에너지 밀도 때문입니다. 최근 배터리 산업계에서 가장 큰 피해를 낳은 보잉 787이나 삼성 노트7 안전 사고를 알고 계실 겁니다. 삼성은 노트7 전량을 리콜해야 했습니다. 호버보드(Hoverboard) 화재 사건에서도 제조 결함으로 인해 막대한 비용이 발생했습니다.

안전 사고에서 가장 일반적인 화재 원인은 전해액의 연소입니다. 전해액은 유기 용액이기 때문에 열이 가해지면 불이 붙고 그 불이 배터리를 연소시킵니다. 사실상 휘발유와 마찬가지죠. 그래서 산업계에서는 전해질을 불에 타지 않는 고체로 바꾸려고 하고 있습니다. 그렇게 되면, 액체도 움직이는 부품도 없는 반도체 소자처럼 완전한 고체 장치가 되겠죠. 안전 문제가 해결될 뿐만 아니라 에너지 밀도가 훨씬 높아지리라는 기대도 있습니다.

일반적인 리튬이온배터리의 부피당 에너지 밀도는 600Wh/L 정도입니다. 고체 배터리도 유사한 전극을 사용할 것이기 때문에 비슷한 수준의 에너지 밀도를 가질 겁니다. 그

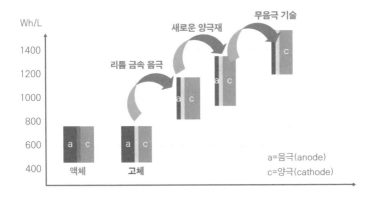

그림 2-6 '고체 배터리' 에너지 밀도의 획기적 개선

런데 에너지 밀도가 상승하는 기점이 있습니다. 고체 상태에서는 리튬 금속(lithium metal) 음극 사용이 가능한데, 이 기술이 적용되면 1,000 Wh/L 수준으로 에너지 밀도를 높일 수 있습니다. 그리고 액체 전해질에서는 사용할 수 없었던 양극재를 적용한다면 에너지 밀도를 한 층 더 올릴 수 있습니다. 음극을 제거한 무음극(anodeless) 기술까지 구현된다면 1,400Wh/L까지 도달 가능합니다. 고체 배터리의 출현과 함께 바로 에너지 밀도가 높아지지는 않겠지만 이 궤적을 따라가면 결과적으로 두 배의 에너지 밀도까지 달성 가능할 것이라고 봅니다.

고체 배터리가 현실화되기까지 해결해야 할 문제도 많습니다. 리튬이온을 잘 전도하는 고체 전도체가 있어야 하고 리튬 금속 음극의 경우 덴드라이트(dendrite)가 형성되어 전해질

쪽으로 파고 들어가 쇼트를 일으키기도 합니다. 그리고 고체 양극재는 수축, 팽창하면서 고체 전도체와 전기적 접촉을 상실할 수도 있습니다.

신소재 개발을 위한 '패스트 트랙'

재료 분야의 도전과제 중 하나는 재료 설계 기술은 빠르게 발전하고 있지만 이에 비해 신소재 개발은 너무 느리게 이뤄진다는 겁니다. 소재를 개발해서 상용화하는 데는 보통 20년이 걸리기 때문에 기업들이 쉽게 투자하지 못합니다.

톰 이거(Thomas Eagar) 교수(MIT 재료공학부)는 테플론(Teflon), 벨크로(Velcro), 타이타늄(Ti) 합금 사례를 바탕으로 소재 개발에서 상용화까지 평균 18년이 걸린다는 것을 입증했습니다. 신약 개발보다 더 어려운 겁니다. 그에 비하면 리튬이온 기술은 아주 빨리 상용화가 된 사례입니다. 첫 리튬이온배터리는 노벨상을 수상한 M. 스탠리 위팅엄(M. Stanley Whittingham) 교수(뉴욕주립대 빙엄턴 화학과)가 1976년 개발했는데 15년 뒤인1991년에 상용화가 시작됐습니다.

소재 개발의 시간 문제를 해결하기 위해 2011년 오바마 정부 때 과학기술정책실(OSTP, Office of Science and Technology Policy)에서 '소재 지놈 이니셔티브(MGI, Materials Genome

Initiative)'라는 것을 실행했습니다. 소재를 더 빠르게, 저렴하게, 예측 가능하게 개발하기 위해 소프트웨어와 컴퓨팅 장비, 새로운 방법론, 표준과 데이터베이스를 활용하는 것이었습니다.

이니셔티브는 아주 성공적이었지만 그 효과는 초기 개발 단계에 국한되었다고 생각합니다. 오늘날 설계 기술은 매우 발달되어 있습니다. 컴퓨팅의 힘으로 원하는 건 거의 뭐든지 설계할 수 있습니다. 문제는 설계한 다음, 실제로 만들고 특성화하고 시험을 거칠 때 발생합니다. 엄청난 시간과 비용이 소요되죠.

새로운 전도체나 유전체에 대한 좋은 아이디어가 있다고 해 보죠. 설계를 한 후 설계대로 구현하고 시험하는 과정을 거칩니다. 제대로 된 특성을 갖췄는지, 요건을 모두 만족하는지 확인합니다. 목표를 달성하지 못하면 다시 만들어서 또 시험을 반복합니다. 이 과정에서 소요되는 총 시간은 반복 횟수와 각 반복에 걸리는 시간을 곱한 것이죠. 어떻게 해야 20년씩 걸리지 않을 수 있을까요? 하나에 20년이나 걸린다면 저는 새로운 소재를 평생 3개밖에 못 만들 텐데 그보다는 더 하고 싶네요. 먼저 반복 수를 줄이려면 더 스마트해져야 하겠죠. 더 많이 학습하고, 더 잘 예측하고 더 잘 반영한다면 반복을 줄일 수 있을 겁니다.

신소재 개발을 앞당길 '타임머신': 미래의 AI 실험실

그러면 각 반복에 걸리는 시간은 어떻게 줄일까요? 저는 컴퓨팅을 접하면서 엄청나게 증가하는 연산 능력에 압도되었습니다. 컴퓨터가 10배, 100배씩 빨라질 때마다 연구에 미치는 영향이 지대했죠. 그런데 실험 연구(experimental research) 분야는 그 변화의 혜택을 누리지 못했습니다. 오늘날 실험 연구의 방법론과 효율은 20년 전과 거의 비슷합니다. 이제 로봇 자동화나 AI를 실험 연구에 도입하는 것을 고려해야 합니다.

로봇과 AI에 대한 연구를 하자는 게 아니라, 그것을 연구에 활용하자는 겁니다. 예를 들어 실험실에서 신소재 개발을 한다고 해보죠. 지금도 화학물 핸들러(handler)에 원하는 소재 조합을 입력하면 전구 물질을 배합해 줍니다. 이렇게 해서 시료가 완성되면 이것을 전기로에 넣고 이후 다시 회절계에 넣습니다.

지금은 대학원생들이 이 일을 하죠. 그런데 사람은 밥도 먹고 잠도 자야 하니 이대로 밤새 둡니다. 그리고 진짜 어려운 과정이 시작되죠. 사람이 데이터를 봐야 합니다. 작업이 새벽 3시에 완료되었다고 하면, 학생들이 아침에 실험실에 와서 데이터를 보고 "내가 원하던 게 아니군. 조건을 바꿔야겠어"라고 판단합니다. 이 과정을 자동화하려면 아주 스마트한 AI 의 사결정 단계가 필요할 겁니다. 로봇 자동화와 AI를 통해 완전히 자동화된 실험실을 만들면 하루에도 수 차례의 반복 실험을 수행하는 실험실을 만들 수 있습니다. 이러한 프로토타입을 본 적이 있는데 혁신기술이 100배는 빨라질 가능성이 충분합니다.

오늘날 뛰어난 컴퓨팅 능력과 AI를 갖게 됐지만, 결국 사람이 실험실에 가서 작업해야 합니다. 사람은 24시간 일할 수도 없고 모든 행동을 기록할 수도 없습니다. 로봇은 가능하죠. 빠르게 혁신하고 연구 경쟁력을 확보하려면 이러한 미래의 실험실이 필요합니다.

과거에는 돈과 똑똑한 인재가 연구의 경쟁력이었죠. 그런데 누군가가 100배 더 빠른 실험실을 갖는다면 경쟁에서 이길 겁니다. 돈이 얼마나 많이 있든, 얼마나 똑똑한 사람을 쓰고 있든 말이죠. 빠르게 많은 것을 해볼 수 있으니까요.

제가 본 한 회사에서는 직원들이 퇴근하기 전 모여 앉아서 "밤 사이에 뭐가 나올까?"를 의논합니다. 컴퓨터에 명령어를 몇개 넣고 집에 갔다가 아침에 오면 밤새 시료 24개가 나와서 분석까지 끝나 있습니다. 만약 여기에 AI가 더해져서 스스로 "이 실험은 실패했어. 지금 바로 수정해야겠어"라고 할 수 있다면 반복 과정은 더 빨라질 겁니다.

400만 개 논문을 읽어주는 AI…
신소재를 만들어 주는 로봇

산업에서는 물건을 만들 때 이미 로봇을 사용합니다. 자동차 조립 라인을 보면 알 수 있죠. 하지만 연구에선 이런 시도가 이뤄지지 않았습니다. 물론 조립 라인은 사전에 정해진 작업이니 적용이 간단하죠. 연구가 어려운 건 유연성이 필요하기 때문입니다. 결과를 지속적으로 판단하고 거기에 대응해야 합니다.

하지만 오늘날의 AI를 사용하면 이 유연성을 구현할 수 있다고 봅니다. 예를 들어 UC버클리는 논문을 대신 읽어 주는 머신러닝(machine learning) 엔진을 개발했습니다. 이 엔진이 논문을 읽고 요점을 말해주죠. 특히 소재 배합법을 학습하도록 훈련한 AI는 아주 유용합니다. 이 기술로 400만 개의 논문을 읽고 기호화된 제조법을 도출할 수 있죠. 어떤 소재가 필요한지도 알고 만드는 과정도 압니다. 그리고 로봇에게 명령을 내려 원하는 소재를 만들어 냅니다. 이 과정에서 소재 개발에 대한 방대한 데이터베이스가 구축됩니다.

미래를 보고 혁신하는 자가 승리하리라

끝으로 말씀드리고 싶은 것은 '기술 혁신을 가속화하는 자가 승자'라는 것입니다. 오늘날 소재 혁신에 이르기까지는 너무 많은 시간이 걸립니다. 재료과학 분야에선 우스갯소리로 소재를 개발해서 돈을 벌려면 회사가 3개는 필요하다는 말들을 합니다. 첫 회사는 개발하다가 돈을 다 써버리고, 두 번째 회사도 돈을 잃고, 세 번째 회사가 이 기술특허를 사들여서 돈을 벌 수 있다고 말이죠. 로봇과 AI를 활용해 혁신의 사이클을 앞당길 수 있을 것으로 기대해 봅니다.

3

비정질 암염(DRX): 지속가능한 자원을 이용한 양극재 개발

Disordered Rocksalt(DRX): Resource-friendly Cathode Materials

거브랜드 시더

Gerbrand Ceder

- UC버클리 공과대학 대니얼 M. 텔렙 석좌교수
- UC버클리 재료공학 박사
- 리튬이온배터리, 전고체 배터리 등
  대안 에너지 저장장치 관련 연구
- 미국 국립공학아카데미(NAE) 회원
- 벨기에 왕립 플랑드르 과학·예술 아카데미 펠로우

앞 장에 이어 좀더 구체적으로 리튬이온배터리 기술에는 어떤 문제가 있는지, 앞으로 이를 어떻게 극복할 수 있는지 짚어보겠습니다. 그리고 비정질 암염(DRX, disordered rocksalt)과 같은 지속가능한 자원을 이용한 양극재 개발에 대해서 소개하겠습니다.

리튬이온배터리는 우리 생활 어디에나 있습니다. 30년 전에는 리튬이온배터리 기술이 이렇게까지 대세가 될 줄은 아무도 예상하지 못했을 겁니다. 모든 모바일 기기에 리튬이온 기술이 쓰이고 심지어 자동차와 전력망에도 활용됩니다.

저는 오랫동안 새로운 배터리 양극재 개발을 위해 연구해 왔습니다. 20~30년 동안 다양한 결정질(crystalline) 구조에서 새로운 소재를 찾으려 했고, 그 결과 몇 가지 소재를 찾아내기도 했습니다. 그러나 지금보다 더 나은 결정질 소재를 찾기는 대단히 어렵습니다.

예시를 보여드리겠습니다. 코발트를 줄이고 니켈 함량을 80%까지 높인 것이 NMC811 양극재입니다. 최근에는 니켈 함량을 90%까지 올리기도 합니다. 그런데 니켈이나 코발트보다 훨씬 저렴한 전이금속이 많은데 왜 좀 더 다양한 양극재를 만들지 않는 걸까요?

배터리의 '한계'

1) 공학이 아닌 물리화학적 제약

리튬이온배터리를 충전하면 양극재에서 리튬이온이 추출됩니다. 그러면 양극재 결정 구조 안에 빈 공간이 생기죠. 이때 대부분의 층상 구조 양극재에서는 전이금속 원자가 이동해 이 빈 공간을 차지하면서 구조가 수축되는데, 그러면 배터리 방전 과정에서 리튬이온이 원래의 빈 자리로 돌아올 수가 없게 됩니다.

지금까지 이런 전이가 일어나지 않는 금속은 코발트(Co), 니켈(Ni), 망간(Mn)뿐입니다. 리튬이온배터리에 니켈과 코발트가 사용되는 것은 순전히 물리화학적인 이유 때문입니다. 코발트(III), 니켈(IV), 니켈(III), 망간(IV)은 팔면체 배위를 형성하는 전자 구조를 가지고 있습니다. 층상 구조상 여섯 개의 산소 원자와 배위를 이루면 더 이상 전이하지 않아 안정적인 구조를 유지합니다. 반면 망간(III), 철(Fe), 타이타늄(Ti) 같은 다른 전이금속은 몇 번의 사이클을 거친 뒤에 금속이 빈 공간으로 전이하는 것을 발견할 수 있습니다. 이러한 물리적 성질 때문에 니켈과 코발트만 좋은 양극재 금속의 요건을 갖추는 것입니다.

2) 기술이 아닌 자원의 '한계'

그렇다면 지금의 NMC 층상 양극재로 리튬이온 산업의 규모가 계속해서 성장해 나갈 수 있을까요? 이에 대한 답은 관점에 따라 다릅니다. 개인적으로 리튬이온 기술이 에너지 저장 장치의 진정한 승자라고 생각합니다. 초기의 KWh당 1,000달러에서 지금의 100달러 수준으로 비용이 낮아졌고 성능과 안정성도 확보되었습니다.

에너지 저장장치의 용량은 2030년 2TWh에 달할 것으로 예상합니다. 한국의 한 연구는 3.4TWh까지 예상하기도 합니다. 테슬라의 일론 머스크(Elon Musk)는 2030년까지 20TWh 규모의 에너지 저장 장치를 만들어서 반은 전력망에 반은 자동차에 쓰게 될 것이라고 생각합니다. 너무 큰 숫자라고 생각하실 수도 있는데 1TWh가 그렇게 큰 수치는 아닙니다. 전기차로 따져보면 중형 테슬라 한 대의 배터리 용량이 약 85KWh이니 약 1,200만대 분량입니다. 연간 자동차 생산량의 10%를 약간 넘는 정도입니다. 중국의 시간당 전력 생산량이기도 하죠. 아이폰 1,000억 개에 해당하는 양이기도 합니다.

그런데 이 만큼의 배터리를 만들어 내기 위해 금속은 얼마나 많이 필요할까요? 배터리 1KWh를 생산하려면 코발트와 니켈 0.8~1kg 정도가 필요합니다. 1TWh를 생산하려면 총 100만톤의 금속이 필요합니다. 일론 머스크처럼 20TWh의 NMC 배터리를 생산하고 싶다면 니켈과 코발트를 연간 2,000만톤이나 채굴해야 합니다. 그런데 2020년 코발트의 연간 채굴량이 약 20만톤입니다. 코발트를 쓴다면 기껏해야 200GWh 정도밖에 생산할 수 없다는 뜻입니다. 전기차 생산량의 몇 퍼센트 정도를 감당하는 데 그칩니다.

니켈은 좀 나을까요? 2020년에 전 세계 니켈 채굴량은 230만톤이었습니다. 모두 리튬이온배터리에 사용한다고 하면 2TWh를 생산할 수 있습니다. 하지만 대부분의 니켈은 연간 160만톤이 스테인리스강(stainless steel) 생산에 사용됩니다. 니켈은 스테인리스강의 필수 성분이고 대체가 불가능합니다.

따라서 니켈과 코발트만으로는 장기적인 리튬이온배터리 사업 전략을 완성할 수 없습니다. NMC 소재가 나쁘다는 건 아닙니다. 아주 훌륭한 소재입니다. 하지만 자원의 문제에 대한 해결책이 필요합니다.

가상 실험실로
배터리 소재의 한계 넘기

우리 연구진은 컴퓨터 연산과 실험 연구를 결합하여 새로운 소재를 찾아내려고 오랜 기간 노력해 왔습니다. 컴퓨터 분야는 1960년대에 양자역학에 대한 실용적 접근으로 혁신을 이뤄냈습니다. 양자물리 법칙에 대한 이해가 있고 수식으로 표현하더라도 그 수식을 풀 수 있는 건 아니죠. 하지만 오늘날의 강력한 컴퓨터를 활용하면 양자역학 문제를 풀 수 있고 소재 특성을 예측할 수 있습니다.

컴퓨터 연산은 아주 쉽게 자동화를 할 수 있기 때문에 소재 전압을 계산할 알고리즘을 개발하면 가상 공간에서 1만 개의 소재 분석을 실행하고 며칠 후에 와서 그 결과를 볼 수 있습니다. 이 방식을 통해 비정질 암염(DRX, disordered rocksalt)을 발견했습니다.

배터리의 새로운 가능성,
DRX의 발견

층상 구조를 유지하기 위해 니켈이나 코발트 같은 특정 금속이 필요한데, 더이상 정질 구조가 필요하지 않다면 망간이나 철, 타이타늄 같은 훨씬 다양한 전이금속을 사용할 수 있습니다. 자원 희소성 문제가 일부 해결되는 겁니다.

비정질 암염은 층상 구조 소재처럼 산소가 굉장히 밀집되어 있기 때문에 높은 에너지 밀도를 지닙니다. 산소 원자는 여전히 정질 구조를 이루지만 양이온인 망간(Mn), 타이타늄(Ti), 리튬(Li)은 불규칙하게 섞여 있습니다.

문제는 층상 구조처럼 잘 정의된 리튬 확산 경로 없이도 리튬을 구조 안팎으로 확산시킬 수 있느냐는 것입니다. 그 기반이 되는 연구를 수행한 저의 뛰어난 제자 두 명이 강기석 교수(서울대 재료공학부)와 안톤 반 데어 벤(Anton Van der Ven) 교수(UC산타바바라 재료공학부)입니다. 미세한 확산 과정을 아주 구체적으로 관찰한 결과 리튬이 하나의 팔면체에서 중간 사면체를 통해 다른 팔면체로 호핑(hopping) 한다는 걸 발견했습니다(그림 3-1).

리튬의 이동성을 결정하는 중요한 요인은 사면체와 인접한 다른 원자들입니다. 주변에 2, 3, 4의 높은 원자가를 가진 전이금속이 자리잡고 있으면 리튬이 사면체를 통해 확산될 때

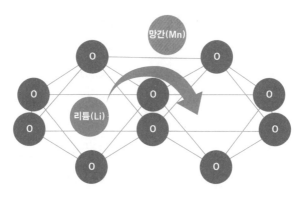

그림 3-1   비정질 암염 구조 내 리튬 호핑(hopping)

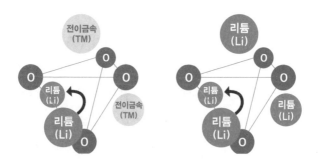

그림 3-2   리튬 확산에 유리한 0-TM 환경

강한 정전기적 상호작용 때문에 이동성이 떨어집니다(그림 3-2 왼쪽). 그러나 비정질 소재에서는 확률적으로 0-TM 라 불리는 다른 환경을 찾을 수 있습니다(그림 3-2 오른쪽). 이 환경에서는 리튬이 낮은 원자가를 가진 다른 리튬으로만 둘러싸여 사면체 공간을 통해 쉽게 확산됩니다.

관건은 통계적으로 0-TM 환경을 구조 전체에 골고루 분포해 리튬 확산 경로를 만들어 주는 것인데, 서울대 출신의 이진혁 교수(맥길대 재료공학부)가 리튬 과잉 상태에서 이것이 가능하다는 걸 알아냈습니다. 10~20%의 리튬 과잉 상태에서 리튬 확산을 위한 무작위 경로가 형성되는 것을 밝혔습니다.

비정질 암염 양극재로 초기 충·방전 사이클에서 4.8V의 전압 특성과 1,000Wh/kg의 질량당 에너지 밀도를 구현할 수 있습니다. 성능 측면에서 리튬인산철과 NMC 양극재의 중간에 위치합니다. 전이금속에 의존할 필요가 없기 때문에 당연히 비용 감소로도 이어집니다. 무엇보다도 비정질 구조에 많은 원소를 활용할 수 있기 때문에 설계 공간이 확대됩니다. 지금까지 많은 리튬 과잉 비정질 암염 소재가 연구되었고, 여기에 망간(Mn)·바나듐(V)·철·몰리브덴(Mb)·크롬(Cr) 등 주기율표상의 거의 모든 원소를 활용할 수 있는 구조가 마련되었습니다.

하지만 아직까지 비정질 암염 구조의 아주 일부분만 활용되고 있다고 생각합니다. 앞으로 극복할 문제가 무엇인지 말씀드리겠습니다.

비정질 암염의 가능성을
드러내는 불소(F) 치환

예시를 보여드리겠습니다. 우리는 고체 합성을 통해 비정질 암염 구조 내 산소를 10~15% 정도 불소로 치환할 수 있었습니다. 이론 모델에 따르면 치환율을 35%까지 올릴 수도 있습니다. 산소를 불소로 치환하면 전이금속의 원자가가 낮아집니다. 예를 들어 산소의 30%를 불화하면 전이금속인 망간의 원자가를 2까지 낮출 수 있습니다. 그러면 NMC 양극재의 니켈(II), 니켈(IV)와 같이 망간(II)와 망간(IV) 사이에 이중 산화환원 쌍(double redox couple)을 형성할 수 있는데 이는 매우 반가운 발견입니다. 비유하자면 같은 돈으로 두 배의 가치를 얻는 것입니다. 앞서 말씀드린 1,000Wh/kg 에너지 밀도도 불소 치환으로 가능한 것이죠. 사이클 수명도 개선됩니다. 망간 니오븀(Nb) 양극재에선 2.5%의 불화만으로도 에너지 밀도가 상당히 개선되었고, 5% 불화 시 사이클 수명이 대폭 강화된 것을 확인했습니다.

'안전한' 배터리 신소재, 불화의 비밀

불화가 왜 중요할까요? 소재에 높은 전압을 가하면 산화로 인

소재	첫 사이클 산소 배출량 (mmol gas/mol mat'l)
NMC622	0.4
Li-rich NMC	1.1
$Li_{1.2}Mn_{0.625}Nb_{0.175}O_{1.95}F_{0.05}$	0.50
$Li_{1.2}Mn_{0.60}Nb_{0.2}O_{1.40}F_{0.60}$	0

그림 3-3   양극재별 1회 사이클 이후 산소 방출

한 산소 방출, 열화 등 심각한 안전 문제로 이어집니다.

그림 3-3의 NMC622 양극재를 보면 첫 사이클에서 1몰당 0.4밀리몰 정도의 산소가 방출됩니다. 상용 리튬 과잉(Li-rich) NMC에서는 1.1밀리몰이나 나옵니다. 그런데 2.5% 불화 양극재는 최적화되지 않은 소재이고 훨씬 큰 표면적을 갖고 있음에도 불구하고 NMC622에 근접합니다. 30% 불화하면 전압을 5V까지 높여도 산소 방출이 탐지되지 않습니다. 불소가 양극재의 표면을 보호해서 산소가 방출되지 못하게 막고 있기 때문입니다.

퍼시픽 노스웨스트 국립연구소(PNNL)의 왕총밍(Chongmin Wang) 교수와 그의 제자 천린저(Linze Chen) 박사가 이를 입증했습니다. 일반적인 비정질 암염에선 최대 전압 4.8V에서 50회 사이클하면 소재에 소공부식(pitting corrosion)이 발생합니다. 그러나 불화한 비정질 암염의 표면은 완벽하게 유지되고 열화도 전혀 발생하지 않습니다. 아주 높은 전압에서도 소재가 안정적으로 유지되는 것을 볼 수 있습니다.

'단범위 규칙'이라는 발목

초기 비정질 암염 소재는 율속 특성(rate capability)이 좋지 않았습니다. 60도 조건에서 겨우 쓸 만한 충·방전 속도를 얻을 수 있었습니다. 오늘날에는 이를 개선하기 위한 몇 가지 전략이 있습니다.

사면체 공간 주위에 리튬 원소만 인접한 0-TM 환경이 잘 조성되어야 리튬이 빠르게 확산됩니다(그림 3-2 참조). 반대로 리튬과 전이금속 원소가 함께 인접한 환경에서는 원자가가 높은 전이금속 때문에 리튬 이동성이 떨어지게 됩니다. 그런데 비정질 암염에서는 단범위 규칙(short range order) 현상으로 인해 리튬-리튬 환경보다 원자가가 서로 다른 리튬-전이금속 환경이 통계적으로 더 자주 발생하게 됩니다.

20% 리튬 과잉 망간 암염 소재를 살펴봅시다. 여기에 안정제로 지르코늄(Zr)을 첨가하거나(그림 3-4 위쪽), 타이타늄을 첨가할 수 있습니다(그림 3-4 아래쪽). 투과전자현미경(TEM, transmission electron microscope) 전자회절 패턴을 보면 검은색

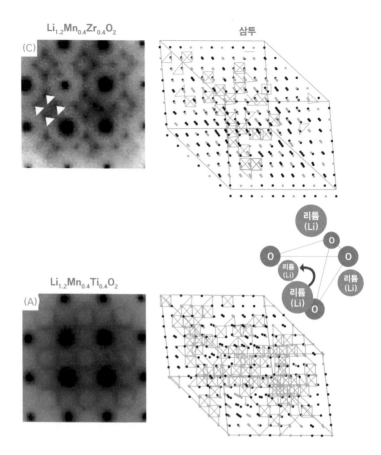

그림 3-4 지르코늄 첨가 양극재와 타이타늄 첨가 양극재의 O-TM 환경 분포

배터리의 미래

암염 사이사이의 구조가 지르코늄의 경우 원형인데 비해 타이타늄은 사각형에 가깝습니다. 이는 단범위 규칙의 영향 때문인데 이로 인해서 두 양극재는 아주 다른 성능을 보입니다. 지르코늄이 첨가된 양극재는 성능이 아주 좋지 않은 반면 타이타늄 첨가 양극재는 성능이 좋습니다. 시뮬레이션을 해보면 그 이유를 알 수 있습니다. 파란색으로 표시된 0-TM 환경이 지르코늄 첨가 양극재에서는 드물게 희박한 반면(그림 3-4 오른쪽 위), 타이타늄 첨가 양극재에서는 잘 분포되어 있습니다(그림 3-4 오른쪽 아래). 리튬 확산 경로가 잘 확보되어 있죠.

고엔트로피를 이용한 속도 개선

단범위 규칙으로 인한 문제를 해결할 수 있을까요? 금속 기술에 고엔트로피 합금(HEA, high-entropy alloy)이라는 개념이 있습니다. 여러 다른 금속을 합성할수록 충·방전 특성이 개선된다는 것입니다. 금속 하나를 20% 사용하는 것과 20가지 금속을 1%씩 사용하는 것은 굉장히 다릅니다. 후자가 무질서도(randomness)가 높고 더 좋은 성능을 발휘합니다. 우리는 비정질 암염 소재에 이 원리를 적용해 보기로 했습니다.

고엔트로피 개념을 적용해서 금속의 수를 체계적으로 늘린 세 가지 소재를 보여드리겠습니다(그림 3-5). 세 가지 소재

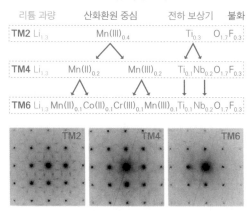

프로토타입 구성 설계

리튬 과량	산화환원 중심	전하 보상기	불화

TM2 $Li_{1.3}$ $Mn(III)_{0.4}$ $Ti_{0.3}$ $O_{1.7}F_{0.3}$

TM4 $Li_{1.3}$ $Mn(II)_{0.2}$ $Mn(III)_{0.2}$ $Ti_{0.1}Nb_{0.2}O_{1.7}F_{0.3}$

TM6 $Li_{1.3}$ $Mn(II)_{0.1}Co(II)_{0.1}Cr(III)_{0.1}Mn(III)_{0.1}Ti_{0.1}Nb_{0.2}O_{1.7}F_{0.3}$

TM2   TM4   TM6

1.5−4.7V 20mA g-1

TM2
220mAh g^{-1}
704Wh kg^{-1}

TM4
269mAh g^{-1}
849Wh kg^{-1}

TM6
307mAh g^{-1}
955Wh kg^{-1}

비용량(mA g^{-1})

그림 3-5 율적 특성을 증가시키는 고엔트로피 개념

모두 불화율은 15%입니다.

TM2는 망간과 타이타늄이 들어간 30% 리튬 과잉 양극재입니다. 망간은 산화환원 반응을 촉진하고 타이타늄은 안정제 역할을 합니다. 전자회절 패턴에서 단범위 규칙이 아주 명확하게 드러나고 에너지 용량은 700Wh/kg 수준입니다.

TM4는 타이타늄을 타이타늄과 니오븀(Nb)으로 대체한 양극재입니다. 전자회절 패턴에서 단범위 규칙이 줄어들기 시작한 것이 보입니다. 같은 전압 조건에서 에너지 용량도 850Wh/kg으로 개선되었습니다.

TM6에서는 더 많은 금속을 넣어 봤습니다. 망간(II), 코발트, 크롬, 망간(III)을 사용하고 타이타늄과 니오븀도 넣었습니다. 여섯 개의 전이금속을 혼합했더니 더 이상 단범위 규칙이 나타나지 않았습니다. 완전한 무작위 구조를 얻게 된 겁니다. 에너지 용량은 955Wh/kg인데 NMC 양극재의 750Wh/kg에 비해 높은 편입니다. 또 한 가지 흥미로운 점은 다른 비정질 암염과 달리 500mA/g과 2,000mA/g 조건에서도 우수한 에너지 용량을 유지해 율속 특성이 우수하다는 것입니다.

부분 비정질 스피넬(spinel) 양극재

마지막으로 보여드리고 싶은 예시는 부분적인 비정질 구조를 활용하는 겁니다. 우리가 선택한 소재는 스피넬(spinel)입니다. 스피넬은 결정질 구조 내에 0-TM 환경을 어느 정도 보유하기 때문에 리튬 이동성이 좋은 편입니다. 하지만 충·방전 사이클이 2상 반응(two-phase reaction)이기 때문에 상용화의 한계에 부딪혔습니다. 우리는 스피넬에 부분 비정질 구조를 주입해 충·방전 단상 반응을 유도하고 리튬 과잉 상태를 만들어 이동성을 높인 뒤 약간의 불화를 진행했습니다. 그렇게 탄생한 두 소재를 보여드리겠습니다.

$$Li_{1.68}Mn_{1.6}O_{3.7}F_{0.3} \ (LMOF03)$$

(0.38 Mn^{3+} 와 1.22 Mn^{4+} 포함)

이론적인 전하당 TM 용량: 62mAh/g

$$Li_{1.68}Mn_{1.6}O_{3.4}F_{0.6} \ (LMOF06)$$

(0.68 Mn^{3+} 와 0.92 Mn^{4+} 포함)

이론적인 전하당 TM 용량: 110mAh/g

그림 3-6 스피넬 기반 부분 비정질 양극재 LMOF03, LMOF06

이 소재들은 아직 고체 상태로 만들 수 없고 볼 밀링(ball-milling) 공정으로 만들어야 하는 단점이 있습니다. 하지만 에너지 용량이 300mAh/g 이상으로 우수하고 전압 프로파일이 매끄럽다는 장점이 있습니다. 놀라운 것은 전극의 탄소 함량을 높이면 최대 20,000mAh/g의 에너지 용량을 달성할 수 있다는 겁니다. 이는 다른 어떤 비정질 암염 소재나 스피넬 소재보다 높은 수치입니다.

배터리의 '가격 혁명'과 지속 가능성

리튬이온배터리 단가는 꾸준히 감소했습니다. KWh당 1,000달러에서 KWh 당 100달러 수준이 되면서 비용의 상당 부분을 양극재 금속이 차지하게 됐습니다. 2021년 2월 기준 현물 가격이 코발트는 kg 당 47달러, 니켈은 18달러였습니다. 지난 5년 동안 니켈 가격 추세를 보면, 변동폭은 굉장히 크지만 분명한 우상향을 보이고 있습니다. 한편 비정질 암염 소재를 사용하면 전구체 비용을 낮출 수 있습니다. 가장 유망한 비정질 암염 소재인 망간과 타이타늄은 kg 당 1달러 미만이니 상당한 차이입니다.

비정질 암염 소재는 허용 전압 범위가 크고 최대 전압 4.4V에서도 사이클 안정성을 유지합니다. 그러나 고전압에서 전해질 붕괴가 일어나는 현상은 극복해야 할 과제입니다. 전해질 표면을 보호할 새로운 방법을 연구해야 합니다.

어떤 금속이든 배터리로 통하게 하라

이제 자원 고갈을 염려해야 할 때입니다. 비정질 암염은 주기율표의 다양한 원소를 활용할 길을 열어줍니다. 불화를 통해 산소 안정성을 높일 수 있고 합금 화학으로 충·방전 특성을 1,000Wh/kg 수준으로 개선 가능합니다.

배터리의 미래는 지속가능한 소재의 발굴에서 시작됩니다. 자원 제약의 문제를 풀기 위해 다시 자연에서 해결의 실마리를 찾을 수 있을지도 모릅니다. 자연이 제공하는 어떤 금속이든 배터리 소재로서 사용 가능하다면 미래를 지속가능하게 밝히는 데 큰 도움이 될 것입니다.

4

층상 양극재 기반의 첨단 리튬이온배터리 기술

New Battery Chemistry from Conventional Layered Cathode Materials for Advanced Lithium-ion Batteries

강기석 – 서울대 재료공학부 교수
– 서울대 재료공학 학사, MIT 재료공학 박사
– 카이스트 신소재공학과 교수(2009~2012)
– 공학을 활용한 배터리용 신소재 설계

층상 전이금속 산화물은 현재 리튬이온배터리에서 가장 지배적인 양극재입니다. 배터리의 에너지 밀도를 높이기 위한 관건은 전극 소재의 안정성을 훼손하지 않고 더 많은 리튬과 전자를 얻어내는 것입니다. 이 장에서는 먼저 추가적인 산화환원 반응을 통해 더 많은 리튬이온을 저장하는 리튬 과잉(lithium excess) 층상 전이금속 산화물을 소개하고, 이 소재의 리튬 인터칼레이션(intercalation) 방식이 안정성에 어떤 영향을 미치는지 보여드리겠습니다. 그리고 안정성 제고를 위해 개발한 새로운 리튬 과잉 층상 전이금속 산화물도 소개하겠습니다.

최근의 흥미로운 발견:
누적 산화환원 반응

리튬이온배터리는 양극·음극·전해질 세 요소로 구성돼 있습니다. 배터리를 충·방전하면 리튬이온이 한쪽 전극에서 추출되어 다른 쪽 전극으로 이동합니다. 양극의 전이금속이 산화환원 반응을 거치면서 전자를 저장하고 방출합니다. 전이금속은 산화환원 반응 시 높은 퍼텐셜과 가역성을 보이는데, 이는 대다수의 양극재에 전이금속이 포함된 이유입니다.

그런데 최근에 발견된 흥미로운 점은 전이금속뿐 아니라 산소도 특정 환경 하에서 산화환원 반응에 참여하여 추가적인 저장 용량을 제공한다는 것입니다. 전이금속(양이온) 산화환원에만 의존하는 기존 양극재의 용량이 140mA/g에서 많아도 최대 200mA/g 정도인데 비해, 산소(음이온) 산화환원 반응이 추가로 허용되는 양극재에서는 290mA/g까지 용량이 개선될 수 있습니다.

무엇이 음이온 산화환원 반응을 가능케 할까요? 기존 층상 구조에선 산소 원자 주변에 세 개의 전이금속과 세 개의 리튬이 있습니다(그림 4-1 왼쪽). 그런데 이 중 하나의 전이금속이 리튬으로 대체되면(그림 4-1 오른쪽) 산소가 전자를 추가 저장할 수 있는 새로운 환경이 생성됩니다. 이런 환경은 보통 리튬 과잉 소재에서 과잉 공급된 리튬이 전이금속 자리를 차지하면

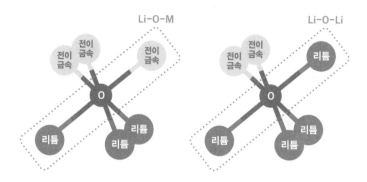

그림 4-1 기존 층상 소재(왼쪽), 리튬 과잉 층상 소재(오른쪽)

서 형성됩니다.

리튬 과잉 층상 소재의 고질적 문제:
전압 감소

추가적인 음이온 산화환원 반응이 더 높은 에너지 밀도를 제공하기는 하지만 몇 가지 풀어야 할 고질적 문제가 있습니다.

　하나는 리튬 과잉 양극재의 점진적인 전압 및 용량(capacity) 감소입니다. 충·방전 사이클이 반복될수록 배터리 용량이 줄어들 뿐 아니라 전압도 감소합니다. 전압과 용량을 곱한 값이 에너지 밀도임을 생각해 볼 때, 두 값이 동시에 감소

함에 따라 에너지 밀도는 그만큼 더 빠르게 감소합니다. 우리는 이런 감소 현상이 발생하는 이유가 낮은 퍼텐셜의 산화환원 반응이 활성화되어 양극재 층상 구조 일부가 유사 스피넬 구조로 변이하기 때문이란 것을 발견했습니다.

하나의 사례로 리튬의 20%가 전이금속을 점유한 대표적인 리튬 과잉 전이금속 층상 양극재를 보겠습니다. 음이온 산화 환원 반응이 가능한 소재이죠. 배터리를 충전하면 니켈(양

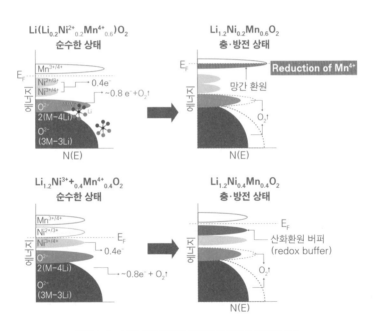

그림 4-2   니켈 함량에 따른 에너지 상태 밀도 다이어그램

배터리의 미래

이온) 산화 반응의 결과로 전자가 0.4개 방출되고, 산소(음이온) 산화 반응으로 나머지 전자 0.8개가 방출됩니다. 배터리 방전 시에는 정확히 그 반대로 환원 반응이 일어날 것입니다. 그런데 충전 단계에서 산소의 손실이 발생하면 방전 단계에서 망간처럼 본래 산화환원 반응에 참여하지 않았던 원소가 전자를 받아 환원 반응에 참여하게 됩니다. 망간(IV) 산화환원 반응은 퍼텐셜이 낮고 유사 스피넬 구조의 형성을 유발한다는 것은 아주 잘 알려져 있습니다.

망간이 반응에 참여하는 것을 막기 위해 우리는 산화환원 반응 퍼텐셜이 상대적으로 높은 전이금속을 추가로 주입했습니다. 예를 들어 니켈 함량을 0.2에서 0.4로 높이면 충전 도중 산소 손실이 발생해도 니켈이온이 산화환원 버퍼(redox buffer)를 형성해 남은 전자를 모두 흡수하기 때문에 망간의 반응 참여를 막을 수 있습니다.

전압 감소 문제의 '해결사': 산화환원 버퍼

산화환원 버퍼의 유용성을 검증하기 위해 우리는 리튬 과잉 정도가 동일하면서 니켈과 망간 구성이 약간 다른 세 가지 층상 구조 소재를 설계했습니다.

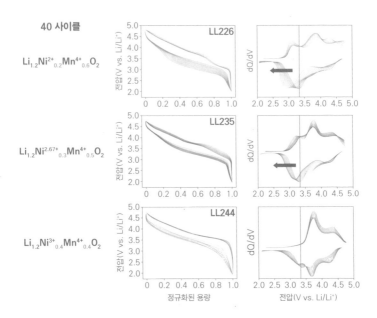

40 사이클

$Li_{1.2}Ni^{2+}_{0.2}Mn^{4+}_{0.6}O_2$

$Li_{1.2}Ni^{2.67+}_{0.3}Mn^{4+}_{0.5}O_2$

$Li_{1.2}Ni^{3+}_{0.4}Mn^{4+}_{0.4}O_2$

정규화된 용량

전압(V vs. Li/Li⁺)

그림 4-3 산화환원 버퍼 충상 구조 소재의 충·방전 성능 검증

산화환원이 없는 소재(그림 4-3 위)는 충·방전 사이클에 따라 전압이 서서히 감소됩니다. 초기 전압이 3.5V였는데 40회 사이클 후에는 3V로 감소하죠. 하지만 산화환원 버퍼를 추가한 소재는 전압 감소가 크게 완화됩니다. 그리고 사이클 후에 산화환원 버퍼 샘플을 분석한 결과 비정질 또는 유사 스피넬 구조의 형성이 억제된 것도 확인했습니다. 그리고 각 샘플의 산화 상태를 분석해 본 결과 버퍼가 없는 소재에서는 망간(IV) 환원 반응으로 인해 망간(III)가 생성된 반면 버퍼가 있는 샘플에서는 사이클 후에도 망간(Ⅲ)가 생성되지 않은 것을 확인했습니다.

두 번째 관문: 율속 특성

그런데 산화환원 버퍼가 포함된 리튬 과잉 소재는 비교적 율속 특성이 좋지 않다는 단점이 있습니다. 특히 1C 충전(1시간에 충전 완료) 시 용량이 눈에 띄게 감소합니다.

충전 속도에 따른 용량 감소의 문제는 충전 과정보다 방전 과정에서 더욱 현저하게 발생합니다. 충전 속도를 C/20에서 1C로 높이면 용량 감소가 별로 크지 않지만 방전 속도를 높이

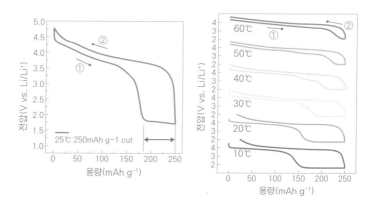

그림 4-4   리튬 과잉 충상 양극재의 충·방전 특성(왼쪽)과 온도별 변화(오른쪽)

면 용량 감소가 눈에 띄게 나타납니다. 이는 기존의 층상 구조 소재에서는 관측되지 않았던 현상입니다.

원인을 분석하기 위해 배터리 충·방전 곡선을 살펴보면, 방전 시 차단 전압(cut-off voltage)에 도달한 후 저전압을 유지하면 인터칼레이션이 계속 진행되어 용량이 250mA/g까지 발현되는 것을 확인할 수 있습니다. 온도 변화에 대한 민감도 역시 방전 반응이 높은 것도 확인할 수 있습니다. 10℃에서 저전압 구간이 가장 길고 60℃에서는 저전압 구간 없이 바로 본래의 방전 용량이 발현됩니다(그림 4-4).

'비대칭' 리튬 확산:
새로운 인터칼레이션 메커니즘의 필요성

우리는 이런 비대칭적 충·방전 율속 특성이 층상 구조에서 전이금속의 이동 경로와 관련이 있다는 것을 알아냈습니다. 디인터칼레이션(충전) 도중 원자가가 높은 전이금속이 쉽게 리튬이 남긴 빈 공간으로 이동하는 것이 문제의 시작입니다(그림 4-5 왼쪽). 자리를 이동한 전이금속은 인터칼레이션(방전) 도중 다시 원래 있던 자리로 돌아가 층상 구조를 복원합니다. 그런데 충전 과정에서 전이금속이 원래 위치로부터 더 멀리 벗어날 경우에는 되돌아가는 경로가 굉장히 복잡해지고 시간도 오

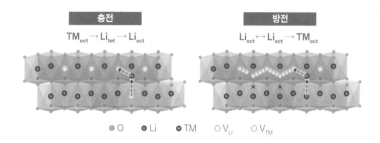

그림 4-5 층상 전이금속 소재 충·방전 과정에서 전이금속의 이동 경로

래 걸립니다(그림 4-5 오른쪽). 충전 반응보다 방전 반응이 충전 속도나 온도 변화에 따라 더 급격하게 달라지는 이유입니다. 60°C에서는 원자의 동적 에너지가 증가해 리튬층으로 옮겨갔던 전이금속이 빠르게 본래의 자리로 돌아가면서 층상 구조를 복원하는 반면, 실온에서는 같은 과정이 훨씬 오래 걸립니다.

이러한 비대칭적인 리튬 확산은 2019년 노벨화학상이 수여된 고전적인 리튬 인터칼레이션 개념과 다른 양상입니다. 기존 모델에서는 리튬 주입과 추출이 대칭적으로 이뤄지며 오직 리튬이온만이 이동성을 지닙니다. 그런데 이 새로운 모델에서는 리튬이온만이 유일하게 움직이는 이온이 아니며 가역적이지만 비대칭적인 전이금속 이동도 충·방전 특성에 영향을 미치죠. 전이금속 이동을 고려한 새로운 리튬 확산 메커니즘이 필요합니다.

전이금속이 '샛길'로 새는 것 막기

충전 과정에서 전이금속이 딴 길로 새면 방전 시 훨씬 긴 이동 경로로 움직여야 합니다. 이는 리튬 과잉 층상 소재에서 두 가지 결과를 낳습니다. 하나는 산화환원 버퍼가 있는 리튬 과잉 소재의 율속 특성과 용량 저하입니다. 그리고 산화환원 버퍼가 없는 소재의 경우 망간(Ⅲ)의 생성을 유도해 구조 변이를 일으키고 전압 감소를 유발합니다.

이 문제를 어떻게 해결할까요? 우리는 전이금속의 리튬층 이동을 피할 수 없다면 그 부정적인 영향을 최소화하는 것이 핵심이라고 생각합니다. 구조를 간소화하여 전이금속의 이동

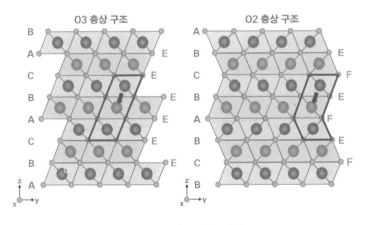

그림 4-6 O3 층상 구조와 O2 층상 구조

배터리의 미래

이 특정 경로에서만 발생하게 하고 그 외 리튬층 내 이동을 억제하는 것입니다.

우리는 층상 구조의 적층 순서를 아래에서 위로 a-b-c-a-b-c 순으로 쌓이는 기존의 O3 구조(팔면체(octahedral) 원자 환경에서 산소 원자가 3개씩 있는 층상 구조) 대신, 위에서 아래로 a-b-c-b-a 순으로 쌓이는 O2 구조로 변경함으로써 이 전이금속의 이동을 제어했습니다(그림 4-6).

기존 O3 구조에서 전이금속은 중간 사면체 사이트로 이동한 뒤 척력이 약한 리튬 팔면체 사이트로 이동합니다. 반면 O2 구조에서는 중간 사면체로 이동한 전이금속이 팔면체 사이트의 강한 척력 때문에 리튬층으로 이동하지 못합니다. 전이금속 이동 경로의 각 사이트 에너지를 살펴보면 O3 구조의 경우 초기 사이트의 에너지 준위가 리튬 팔면체 사이트보다 높아 전이금속 이동이 용이한 반면, O2 구조에서는 팔면체 사이트 에너지 준위가 초기 사이트 에너지보다 훨씬 높아 전이금속의 이동이 억제됩니다(그림 4-7).

O2 유형 리튬 과잉 층상 구조 합성

이 아이디어를 바탕으로 O2 유형 리튬 과잉 층상 소재를 합성했습니다. 안타깝게도 기존 고체상태 반응을 활용할 수는 없

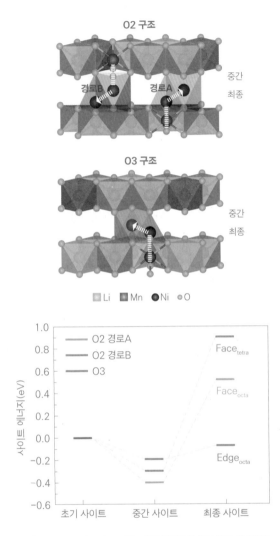

그림 4-7 O2 구조와 O3 구조에서 양이온의 이동 경로 차이(위)
각각의 구조와 경로에 따른 에너지 준위 차이(아래)

배터리의 미래

었고 간접적인 방법을 거쳐야 했습니다. P2 각기둥(prismatic) 유형(원자 환경에서 산소 원자가 2개씩 있는 층상 구조) 나트륨 과잉 층상 소재를 준비한 다음 이온교환(ion exchange)를 통해 나트륨을 리튬으로 대체했습니다. 생성된 O2 구조는 에너지 밀도 유지에도 대단히 효과적입니다. O2 구조의 초기 두 사이클에서 용량이 230mA/g를 넘었습니다. 그리고 방전 특성은 40사이클이 지나도록 전압 감소 없이 유지됐습니다. 기존 O3 유형 소재 대비 안정성도 한층 두드러집니다. 전압 감소가 억제됐기 때문에 40사이클 이후 실질적인 에너지 밀도가 83%(600Wh/kg) 수준으로 유지되었습니다. 실온에서도 충전 이후 리튬층에 전이금속이 어느 정도 존재하지만 방전 이후에는 완전히 사라져 가역적인 이동이 달성된 것을 확인했습니다. 가역적인 전이금속 이동은 불필요한 비정질 또는 유사 스피넬 구조의 생성도 막아 줍니다. 구조의 적층 순서를 간단하게 수정하는 것만으로도 리튬 과잉 층상 소재의 고질적인 문제를 해결할 수 있음을 보여줍니다.

층상 구조의 새로운 화학: 인터칼레이션 모델의 재검토

이 연구를 통해 층상 구조 양극재에도 아직 흥미로운, 새 화학의 가능성이 남아 있음을 입증했다고 생각합니다. 기존의 리튬 확산이나 인터칼레이션 모델을 한 단계 발전시킬 필요가 있습니다. 또한 층상 구조의 적절한 재설계를 통해 보다 안정적이고 에너지 밀도가 높은 첨단 리튬이온배터리 양극재를 얻을 수 있습니다.

배터리의 미래

5

엔트로피를 이용한
실시간 배터리 모니터링

Toward Seeing Battery Materials in
Real Time: Monitoring the State of
Electrode via Entropymetry

최장욱

- 서울대 화학생물공학부 교수
- 서울대 화학공학 학사, 칼텍 화학공학 박사
  (지도교수: 2016 노벨화학상 수상자 프레이저 스토더트)
- 카이스트 교수(2010~2017)
- 이차전기 소재 및 시스템 연구
- 홍진기 창조인상(2019), 대통령 젊은과학자상(2015),
  클래리베이트 애널리틱스(Clarivate Analytics)
  최다 인용 과학자(2017~2020)

전기차 운전자의 의문

전기차를 운전하는 이들의 일반적인 의문에서부터 시작해 보겠습니다. 클러스터에 표시되는 배터리 잔량이 얼마나 정확할까? 스마트폰을 사용하다 보면 때때로 배터리 잔량이 갑자기 떨어져서 당황할 때가 있습니다. 전기차에서도 같은 일이 발생하지 않을 이유는 없을 것 같습니다. 배터리의 수명, 전문적으로는 잔존 유효 수명(RUL, remaining useful life)은 더욱 알기 어렵습니다. 급속 충전을 자주 하는 운전자의 경우 배터리 수명이 줄어들지 않을까 걱정도 됩니다. 안전에 대해서도 의문을 가질 수 있습니다. 화재에 얼마나 취약할까? 사고가 나면 발화의 위험이 없을까? 운전자가 충분히 가질 수 있는 우려입니다.

전기차 시장이 성장함에 따라 주행거리, 충전 속도, 운전자의 주행 패턴에 따른 에너지 효율 등 배터리 설계에 고려해야 할 변수도 다양해지고 있습니다. 출고 상태가 똑같은 전기차라 하더라도 운전자가 어떻게 주행하는지에 따라 배터리 수명에 편차가 생깁니다. 완성차 업체는 다양한 사용 조건을 고려하여 배터리 성능을 보증해주어야 합니다.

배터리의 성능을 결정하는 대표적인 지표는 에너지 밀도, 율속 특성(rate performance), 충전 속도, 수명, 안전입니다. 배터리의 성능을 개선하는 데 있어서 가장 큰 난관은 여러 성능 지표 간의 상충을 극복하는 것입니다. 이 모든 지표를 동시에 개선하는 것은 아주 어렵습니다. 많은 경우에 한 지표를 개선하려면 다른 지표를 희생해야 합니다. 그렇기 때문에 모든 지표에서 특정 수준 이상의 성능이 보장되도록 설계를 최적화하는 것이 쉽지 않습니다. 그리고 배터리 셀 내부의 반응을 이해할 때 핵심이 되는 부분이 전해액과 전극이 만나는 계면(interface)인데, 아쉽게도 셀을 외부로 꺼내는 순간 계면 성분이나 형상이 변형되어 계면에서 일어나는 현상을 분석하기가 어렵습니다.

배터리 관리 시스템(BMS)의 기본 기능

전기차 배터리의 가장 큰 단위인 팩(pack)에는 배터리 관리 시스템(BMS, battery management system)이라는 중요한 구성요소가 포함되어 있습니다. 그림 5-1에서 보여지는 것처럼 BMS는 온도·전압·저항·전류 등 센서 정보를 바탕으로 실시간 상태 모니터링과 수명 예측, 열 제어, 셀 밸런싱(cell balancing) 등의 기능을 수행합니다.

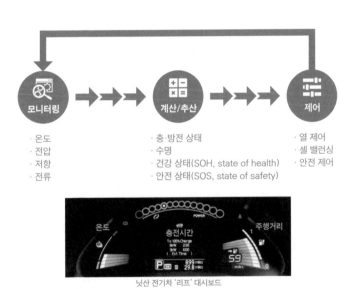

닛산 전기차 '리프' 대시보드

그림 5-1 배터리 관리 시스템(BMS, battery management system)

더 스마트한 BMS, 밖에서 안으로

이처럼 BMS는 기본적으로 온도·전압·전류를 측정하여 작동하는데, 외부 정보에만 의존하여 셀 내부의 화학적 상태를 유추해야 하는 한계를 가지고 있기도 합니다. 좀 더 스마트한 BMS는 셀 내부의 화학적 정보도 반영할 수 있어야 합니다. 우리는 이를 위해 배터리가 전극 내 소재의 화학적 상태를 실시간으로 파악하는 툴을 개발하고 있습니다.

배터리 분야의 첫 번째 화두는 기존보다 뛰어난 소재를 찾는 것입니다. 신소재를 통해서 배터리 성능을 획기적으로 개선할 수 있죠. 두 번째 화두는 셀을 분해하지 않고도 내부 소재의 상태를 정확히 진단하는 것입니다. 동일한 소재를 쓰더라도 전압, 충전 속도, 온도 등 조건이 달라지면 노화의 양상도 크게 바뀔 수 있습니다. 소재 상태를 정확하게 진단할 수 있다면 배터리를 효율적으로 운용하는 데 큰 도움이 되겠죠. 아쉽게도 현재의 BMS 알고리즘은 소재 상태를 반영하지 못하고 있습니다. 배터리 관리의 지능화가 새롭게 관심을 받는 이유입니다.

열역학 정보를 활용한 소재 모니터링

그렇다면 셀을 분해하지 않고 어떻게 내부 소재를 진단할 수 있을까요? 공학 전공자는 한번쯤 배웠을 열역학 내용을 잠시 상기해 보겠습니다.

$$\Delta G = \Delta H - T\Delta S$$

그림 5-2   열역학 제2법칙

열역학 수업 초반에 ΔG, ΔH, ΔS와 관련된 법칙을 배우죠. 열역학 제2법칙에 의해 깁스 자유에너지(ΔG, Gibbs free energy)는 엔탈피(ΔH, enthalpy), 엔트로피(ΔS, entropy)와 연관되어 있습니다. 셀 내부 소재는 충·방전 과정에서 특정 화학반응에 참여하는데 이를 열역학으로 기술할 수 있습니다. 뒤집어 말하면 소재의 열역학 상태를 알아냄으로써 소재의 화학적 상태에 대한 정보를 얻을 수 있다는 겁니다.

예를 들어 제2법칙에 맥스웰 방정식(Maxwell's equations)을 접목하면 엔트로피 변화가 온도 변화에 따른 전압 변화와 연관이 있는 것을 알 수 있습니다(그림 5-3).

$$\frac{ds}{dx} = \left(\frac{ds_{cathode}}{dx} \right) + \left(\frac{ds_{anode}}{dx} \right) = -F \frac{dE}{dT}$$

그림 5-3   엔트로피 변화와 온도 변화에 따른 전압 변화

싱가포르 난양공대(Nanyang Technological University) 라치드 야자미(Rachid Yazami) 교수는 이 관계를 이용해 리튬코발트 산화물 양극재 셀을 연구했습니다. 70℃ 조건에서 시간에 따른 엔탈피와 엔트로피 변화를 관찰하고 사이클 수에 따른 엔탈피와 엔트로피 변화도 측정했습니다(그림 5-4). 이렇게 측정된 엔탈피·엔트로피 데이터는 아주 유용한 메시지를 담고 있습니다. 작동 중인 배터리 셀의 엔탈피와 엔트로피를 측정할 수 있다면 이를 바탕으로 셀이 어떤 온도에 얼마나 오래 노출되었는지 혹은 사이클이 몇 회 진행되었는지를 유추할 수 있습니다. 물론 수집된 데이터의 양이 많아지면 이 기법의 신뢰도도 더 높아질 것입니다.

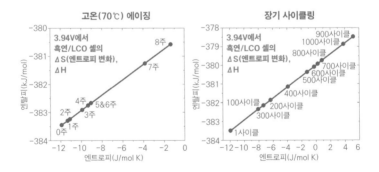

그림 5-4   리튬이온배터리의 열역학

엔트로피와 층상 구조
원자 배열의 상관 관계

엔트로피는 직관적이지 않은 개념인데, 다양한 배열이 가능한 시스템에서 배열 상태의 자유도를 나타냅니다. 일반적으로 시스템의 엔트로피는 항상 증가하는데, 이는 질서정연한 상태에서 무질서한 상태로 배열이 변화하는 것을 의미합니다. 엔트로피는 볼츠만 상수(Boltzmann constant)와 경우의 수의 로그 값의 곱으로 정의됩니다. 이 정의를 층상 양극재에 적용하면 층상 구조 내 리튬이온의 이동성을 유추할 수 있습니다. 엔트로피가 낮으면 리튬이온이 질서정연한 층상 구조를 유지하고 있는 것이고, 엔트로피가 높으면 리튬이온이 지속적으로 빠져나오거나 들어가는 것을 의미합니다(그림 5-5).

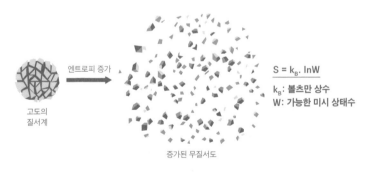

엔트로피 증가

고도의
질서계

증가된 무질서도

$S = k_B. \ln W$

k_B: 볼츠만 상수
W: 가능한 미시 상태수

그림 5-5   엔트로피(S): 계의 무질서도와 연관된 상태 함수

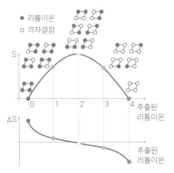

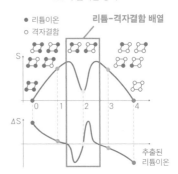

그림 5-6   ΔS(엔트로피 변화) 프로필 해석

이해를 돕기 위해서 4개의 사이트로 구성된 원자 배열을 살펴보겠습니다(그림 5-6). 4개의 사이트 모두 리튬이 차지한 경우와 빈 공간(vacancy)인 경우에는 가능한 배열이 한 가지뿐이므로 엔트로피는 0입니다. 그러나 리튬을 하나씩 추출하면 여러 다른 가능한 배열이 생겨납니다. 리튬을 한 개, 두 개, 세 개 추출하면 각각 4가지, 6가지, 4가지 배열이 가능해집니다. 엔트로피 변화를 추적해보면 그림 5-6 왼쪽에 보이는 곡선을 얻습니다.

물론 실제 배터리 소재 내 원자 배열은 이렇게 간단하지 않습니다. 예를 들어 리튬이온이 2개일 때 리튬-리튬 사이 척력으로 인해 서로 인접한 사이트에 위치할 수 없어 2개 배열만 가능하게 됩니다. 이 경우, 엔트로피 곡선은 두 개의 봉우리가 마주보는 형태가 되고 이를 미분한 엔트로피 변화 곡선은 중간에 기울기가 음에서 양으로 역전되는 구간을 갖게 됩니다 (그림 5-6 오른쪽).

열역학 측정을 통한
비파괴적 소재 상태 모니터링

열역학 변수와 원자 배열을 연관 지을 수 있다면 배터리 소재의 상태를 추측할 수도 있습니다. 니켈 100%, 니켈 80%, 코발트 100% 함량의 양극재는 모두 다른 엔트로피 변화 프로파일을 따릅니다. 따라서 엔트로피 변화 프로파일은 배터리 셀 소재의 구조를 파악하는 단서가 될 수 있습니다. 층상 소재는 사이클링이 진행되면 열화되어 구조 일부가 스피넬(spinel) 형태로 변이하는데 엔트로피 측정으로 이러한 원자 배열 변화를 감지할 수 있습니다.

그림 5-7은 코발트 100% 함량 양극재의 실제 충전 단계 엔트로피 프로파일입니다. 리튬이온이 디인터칼레이션 (deintercalation)되면서 엔트로피 곡선이 감소하다가 단사정계 (monoclinic) 단계에 이르면 기울기가 반대로 바뀝니다. 이러한 엔트로피 곡선의 갑작스러운 변화로부터 셀을 분해하지 않고

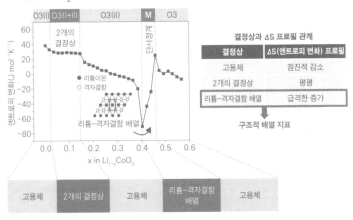

그림 5-7 코발트 100% 함량 양극재의 충전 엔트로피 프로파일

도 소재의 상태 변화를 감지할 수 있습니다.

전이금속과 리튬이온의 양이온 혼합 현상도 감지할 수 있습니다. 예를 들어 니켈이 포함된 양극재에서는 니켈과 리튬의 원자 크기가 유사하기 때문에 양이온 혼합이 발생하는데 이는 곧 원자의 배열과 연관되므로 엔트로피 프로파일에 영향을 줍니다(그림 5-8). 실제로 코발트 100%, 코발트 97%-니켈 3%, 코발트 95%-니켈 5%의 세 가지 조성을 비교한 결과 단사정계에 해당하는 영역에서의 엔트로피 곡선의 변화 폭이 양이온 혼합으로 인한 구조 변이와 상응하는 것을 확인했습니다. 그리고 니켈 함량이 증가할수록 사이클 성능이 개선되는

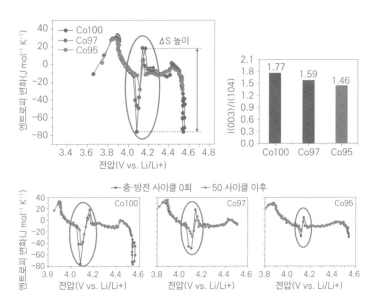

그림 5-8 양이온 혼합으로 인한 엔트로피 프로파일 변화(위)와
사이클 성능 개선으로 인한 엔트로피 프로파일 변화(아래)

데 이를 엔트로피 프로파일의 단사정계 변화 폭이 감소하는
것에서 확인했습니다.

엔트로피 측정의 방법론

엔트로피 측정에는 ETM(electrochemical thermodynamic mea-
surement), IRET(iterative real-time entropy tracking) 등 다양한

방법이 있습니다. BMS에서는 배터리 충·방전에 따른 엔트로피 변화를 실시간으로 측정할 수 있는 IRET 측정법이 유용한데, 이는 칼만 필터(Kalman filter)를 응용한 것입니다.

칼만 필터는 자율주행차, 미사일, 항공기 등의 궤도를 추적하는 용도로 활용되어 왔습니다. 위치가 지속적으로 변화하는 환경에서 현재 측정 값과 예측 값을 비교해 다음 위치의 측정 값을 예측하고 이 과정이 반복됩니다. 이를 활용한 IRET 측정법에서는 현재 충전점(SOC, state of charge)에서의 엔트로피 정보를 바탕으로 다음 충전점의 정확한 예측 값을 도출할 수 있습니다(그림 5-9). 추가적인 필터가 있다면 셀 노화나 기타 환경 요소의 영향도 반영할 수 있을 것입니다.

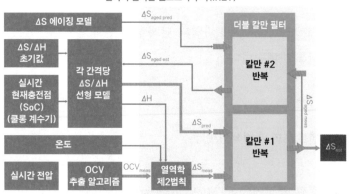

그림 5-9 칼만 필터를 활용한 실시간 엔트로피 측정 기법

스마트한 BMS 구현을 위한 데이터 축적

사이클, 수명 등 특정 변수와 엔트로피와 사이의 관계를 이해하고 이것을 엔트로피 데이터와 결합하면 실제 사용 환경에서 유발되는 배터리 셀 내 변화를 실시간으로 파악하고 대응할 수 있습니다. 먼저 시험 셀을 열화 환경에 노출시킨 뒤 열역학 정보를 추출하고 이를 반복해 충분한 데이터를 확보한 뒤, 고도화된 알고리즘 연산을 통해 실제 배터리 상태 진단에 적용할 수 있습니다. 이러한 접근을 통해 미래의 BMS는 셀 내부의 화학적인 정보를 실시간으로 감지하여 효율적으로 대응할 수 있을 것으로 기대합니다.

6

차세대 배터리를 위한 첨단 바인더 설계

Connecting Battery Components: Advanced Binder Designs for Emerging Rechargeable Batteries

최장욱

- 서울대 화학생물공학부 교수
- 서울대 화학공학 학사, 칼텍 화학공학 박사
  (지도교수: 2016 노벨화학상 수상자 프레이저 스토더트)
- 카이스트 교수(2010~2017)
- 이차전기 소재 및 시스템 연구
- 홍진기 창조인상(2019), 대통령 젊은과학자상(2015),
  클래리베이트 애널리틱스(Clarivate Analytics)
  최다 인용 과학자(2017~2020)

배터리 시장은 향후 10년 동안 눈에 띄게 성장할 것입니다. 코로나19의 확산과 바이든 행정부의 등장도 여기에 한몫을 하고 있죠. 배터리 소재 기술에서도 많은 혁신이 이뤄지고 있는데 첨단 소재가 빛을 발휘하기 위해서는 배터리 전극을 어떻게 만들지에 대해서도 고민해야 합니다.

배터리 기술 혁신:
소재뿐 아니라 '전극'도 중요하다

배터리 전극은 세 가지 기본 요소를 혼합해 제조합니다. 먼저 활물질(active powder), 고분자 바인더(polymeric binder), 전도성 탄소(conductive carbon)를 97:1.5:1.5와 같은 특정한 비율로 섞어 페인트처럼 걸쭉한 슬러리(slurry)를 만듭니다(그림 6-1). 다음으로 슬러리를 집전체(current collector) 위에 코팅, 건조하고 프레스 공정을 거치면 전극이 완성됩니다.

양극용 바인더로는 대표적으로 PVDF(polyvinylidene fluoride)라 불리는 고분자 물질을 사용합니다. 음극을 제조하는 공정에서는 흔히 수용성 고분자인 카복시메틸셀룰로스(CMC, carboxymethyl cellulose)와 부타디엔고무(SBR, styrene butadiene rubber)의 조합을 사용합니다. 바인더를 선택할 때는 접착력, 점도, 전기 화학적 안정성과 비용 등 여러 가지 요소를 고려해야 합니다.

고분자는 같은 구조를 가지고 있는 단량체(monomer)가 반복적으로 나타나는 물질입니다. 각 단량체는 고유한 기능을 갖고 있으며 고분자 내에서 여러가지 형태의 반복 구조를 형성할 수 있습니다. A만 반복하거나 B만 반복할 수도 있고 A, B를 무작위로 반복한 랜덤 공중합체(random copolymer)나 특정 단량체 그룹이 반복된 블록 공중합체(block copolymer)를 형성할 수도 있습니다(그림 6-2). 고분자 소재 설계를 할 때 고분자 사슬의 분자량, 고분자 사슬 내(intra-chain) 상호작용, 다른 고분자와의(inter-chain) 상호작용 등을 고려합니다. 상호작용은 유변학(rheology) 변수인 점도(viscosity)를 결정하는데 핵심적 역할을 하고, 점도는 접착력, 저항, 안정성 등의 핵심 특성을 좌우하게 됩니다.

활물질
(active power)

고분자 바인더
(polymeric binder)

전도성 탄소
(conductive carbon)

슬러리
(slurry)

그림 6-1   배터리 전극의 원재료와 전극 제조 공정

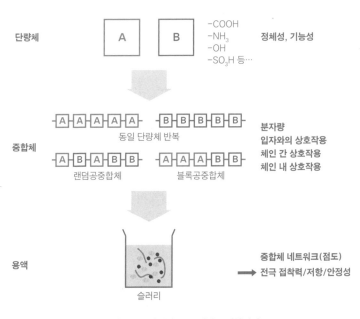

단량체

A   B

−COOH
−NH₃
−OH
−SO₃H 등…

정체성, 기능성

중합체

A A A A A A   B B B B B B
동일 단량체 반복

A B A B B   A A A B B
랜덤공중합체   블록공중합체

분자량
입자와의 상호작용
체인 간 상호작용
체인 내 상호작용

용액

슬러리

중합체 네트워크(점도)
➡ 전극 접착력/저항/안정성

그림 6-2   바인더: 구조에서 유변학까지

바인더, 실리콘 음극의 팽창을 막아라

바인더의 중요한 역할 두 가지를 소개하겠습니다. 첫 번째는 실리콘 음극의 부피 팽창 억제입니다. 실리콘은 음극재로 사용되는 대표적인 활물질로 고용량 특성을 지녀 큰 관심을 받는 소재입니다. 비용량(specific capacity)이 기존 음극 활물질인 흑연에 비해 압도적으로 높습니다. 높은 용량은 분명한 장점이지만 실리콘 소재의 부피 팽창은 해결해야 할 과제입니다. 리튬과 반응하면 실리콘의 부피가 팽창하는데, 이로 인해 실리콘 입자가 분쇄되거나(pulverization) 전극이 박리되어(delamination) 안정성을 잃을 수 있습니다. 대규모 팽창이 발생하면 SEI(solid electrolyte interphase, 고체 전해질 상호단계)라고 불리우는 계면막이 불안정해져 되어 리튬이온의 이동성이 떨어지게 됩니다.

실리콘의 부피 팽창을 막기 위해서는 나노 구조나 바인더 차원의 접근이 필요합니다. 여기에서는 바인더 설계를 통한 문제 해결에 초점을 맞추겠습니다. 상세한 바인더 설계를 다루기에 앞서 산업계에서 실리콘이 음극재로 어떻게 활용되고 있는지 알아보겠습니다. 에너지 밀도 측면에서 순수 실리콘 전극을 사용하는 것이 좋겠지만 부피 팽창 때문에 어렵습니다. 탄소와 실리콘을 섞은 전극 소재들이 사용되고 있으며, 탄소 표면 처리한 실리콘 산화물도 새롭게 개발되고 있습니다.

이 소재들은 최적화 과정을 거쳐 만족스러운 성능 수준에 도달하고 있습니다. 반면 실리콘 함량이 10wt%를 넘어가면 이에 맞는 새로운 바인더 조합이 필요합니다.

바인더 설계에는 두 가지 중요한 요건이 있습니다. 하나는 실리콘 활물질과의 결합 강도입니다. 약한 초분자(weak supramolecular) 결합에서 공유 교차결합(covalent cross-linking)까지 다양한 상호작용 환경을 검토해야 합니다. 다른 하나는 고분자 사슬 구조입니다. 단순 선형 구조 외에 분지(branched)나 덴드리머(dendrimer) 등 보다 복잡한 3차원 구조도 고려할 수 있습니다.

바인더로 실리콘의 부피 팽창을 억제하는 것은 매우 도전적인 목표입니다. 실리콘 입자는 리튬과의 반응을 통해서 300%까지 팽창할 수 있습니다. 그런데 이에 비해 단순 선형 구조 고분자의 부피 팽창율은 10% 미만이고, 이보다 복잡한 네트워크 구조 고분자도 팽창율이 두 자릿수입니다. 따라서 기존의 고분자와는 달리 탄성력이 개선된 새로운 고분자 설계가 필요합니다.

고탄성 고분자:
하이드로젤의 흥미로운 세계

우리는 고탄성 고분자를 설계하던 중 하이드로젤(hydrogel)의 흥미로운 세계를 발견했습니다. 특정 하이드로젤은 인장력이 가해지면 원래 크기의 다섯 배 이상 늘어나게 되는데, 이것이 가능한 이유는 폴리로택세인(PR, polyrotaxane)이라는 특별한 분자 구조를 형성하고 있기 때문입니다. 여러 개의 고리가 사슬을 따라서 움직일 수 있는 구조인데, 양쪽 끝에 두 개의 스토퍼(stopper)가 있어 사슬을 벗어나지는 못합니다(그림 6-3). 리튬화(lithiation) 과정에서 실리콘 부피 팽창이 발생하면 폴리로택세인 고리가 이리저리 움직이면서 입자들을 결속시킵니다.

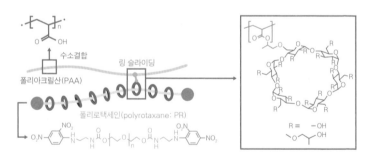

폴리로택세인(polyrotaxane: PR) 교차결합 (5 wt%) ➡ 링 슬라이딩 효과 ➡ 대단히 높은 탄성
• PR-PAA: 폴리로택세인-폴리아크릴산 교차결합

그림 6-3   분자기계 바인더

그리고 탈리튬화(de-lithiation) 이후 실리콘의 부피가 원래대로 돌아오면 폴리로택세인 고리도 제자리로 돌아옵니다.

　폴리로택세인 기반의 하이드로젤을 폴리아크릴산(PAA, polyacrylic acid)과 같은 아크릴 계열의 고분자와 결합하면 탄성이 급격히 높아지는데, 이를 새로운 고분자 바인더 설계에 적용해볼 수 있습니다. 고탄성 고분자를 활용하여 마이크로미터 수준의 실리콘 입자 전극을 만들 수도 있습니다. 마이크로미터 실리콘 입자는 쉽게 부서지기 때문에 전극 안정성이 다른 활물질들에 비해 훨씬 떨어집니다. 그러나 폴리로택세인을 첨가한 새로운 바인더는 높은 탄성 덕분에 미세입자로 분해된 상황에서도 안정적인 구조를 유지합니다.

폴리로택세인 기반 바인더의 효율

제 박사학위 지도교수인 프레이저 스토더트(Fraser Stoddart) 교수는 2016년 분자기계(molecular machine) 연구로 노벨 화학상을 수상했습니다. 분자기계는 기계적으로 맞물린 분자 구조로 이뤄져 있습니다. 캐터네인(catanane)이라는 분자기계는 두 고리가 서로 맞물려 있는 형태입니다. 앞서 소개했던 폴리로택세인의 단량체인 로택세인(rotaxane)은 고리가 사슬을 따라 움직이는 구조를 가지고 있습니다.

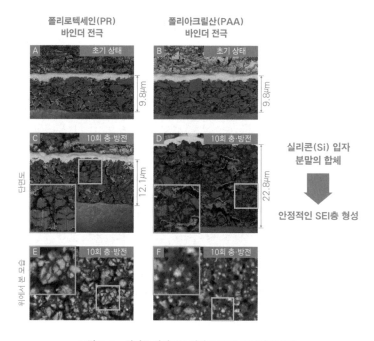

그림 6-4 실리콘 마이크로 입자(SiMP) 음극의 이미지

폴리아크릴산 바인더를 사용한 전극과 폴리로텍세인 바인더를 사용한 전극을 10회 충·방전 사이클 이후 비교해 보면 두께가 확연히 다릅니다. 폴리아크릴산 바인더 전극의 경우 두께가 9.8마이크로미터에서 22.8마이크로미터로 증가하는데 비해(그림 6-4 오른쪽), 폴리로텍세인 바인더 전극의 두께는 12.1마이크로미터로 증가합니다(그림 6-4 왼쪽). 폴리로텍세인의 높은 탄성력으로 인해 전극 내 입자들을 결속시켜 실리콘의 부피 팽창을 억제한 것입니다.

폴리로텍세인 바인더의 전기화학 평가 결과 아주 높은, 90% 이상의 초기 쿨롱 효율(Coulombic Efficiency)을 달성할 수 있었습니다. 기존 폴리아크릴산 바인더 전극의 초기 쿨롱 효율은 81% 정도였습니다. 사이클 수명도 개선됐습니다. 사이클 시작과 동시에 전극 열화가 시작되는 폴리아크릴산 바인더와 달리 폴리로텍세인 바인더는 150사이클까지 안정적으로 구동하는 것을 확인했습니다.

바인더 설계에 활용 가능한 다양한 고분자 구조가 있습니다. 교차결합(cross-linked) 고분자 또는 다당류 고분자(polysaccharide)가 이에 해당됩니다. 또한 자가복원(self-healable) 구조를 활용해 실리콘 음극의 사이클 결함을 복원하는 아이디어도 있었고, 3D 구조에 전하를 부여해 실리콘과 강한 결합을 유도하려는 시도도 있었습니다. 최근에는 금속 배위(metal coordination) 고분자로 전극 내에 유연하면서도 강력한 네트워크를 생성하는 연구도 있었습니다.

전고체 배터리에서 바인더의 역할

최근 주목받는 전고체 배터리에서도 바인더의 역할은 중요합니다. 전고체 배터리란 가연성 액체 전해질을 비가연성 고체 전해질로 대체한 배터리로 화재의 위험을 근본적으로 차단할 수 있습니다. 또한 리튬 금속(lithium metal)이나 무음극(anodeless) 등 새로운 소재와 구조를 사용할 수 있게 되고, 양극성 스택(bipolar stacking)을 채택할 수 있어서 에너지 밀도를 한층 높일 수 있습니다.

전고체 배터리에 사용되는 고체 전해질에는 여러 유형이 있으나 가장 대표적으로 황화물 기반, 산화물 기반, 고분자 기반의 세 가지가 있습니다(그림 6-5). 각 유형마다 장점과 단점이 있는데 제가 소개할 황화물 기반(sulfide) 고체 전해질이 이온 전도도가 높고, 역학적으로 유연하기 때문에 가장 각광받고 있습니다. 하지만 안정성과 공기 중 노출 시 분해되는 문제가 있습니다.

전고체 소재뿐 아니라 양산 기술을 개발하는 것도 중요한 과제입니다. 여기서는 황화물 기반 전고체 배터리 전극의 양산 기술 개발에 대해 살펴보겠습니다. 전극 생산 공정에는 습

황화물 기반 SE	산화물 기반 SE	고분자 기반 SE
$Li_2S-P_2S_5$, LPSCl, LGPS	LLZO, LLTO	PEO(LiTFSi)
✔ 높은 이온 전도성	✔ 낮은 이온 전도성	✔ 매우 낮은 이온 전도성
✔ 기계적 유연성	✔ 높은 계면 저항성	✔ 유연하고 생산이 쉬움
✔ 빈약한 화학적 안정성	✔ 좋은 화학적 안정성	✔ 제한적 안정성

그림 6-5　고체 전해질(SE)의 유형

식(wet process)과 건식(dry process), 두 가지가 있는데 건식은 아직까지 상대적으로 초기 개발 단계에 있습니다. 습식 공정은 기존 리튬이온배터리 생산 공정과 유사하나 슬러리나 전극에 고체 전해질을 포함시켜야 한다는 차이점이 있습니다.

황화물 기반 고체 전해질의 경우 안정성 문제가 존재하기 때문에, 리튬이온배터리 생산에 사용되는 기존 용매와 바인더를 전혀 사용할 수 없습니다. 따라서 새로운 용매와 바인더 조합을 찾아야 하는데, 용매와 바인더의 극성을 맞추기가 어렵기 때문에 아주 심각한 문제에 직면하게 됩니다. 일본 과학자들이 도너 수(donor number)가 다른 여러 용매를 테스트한 결과 특정 수치 이상의 도너 수를 가지는 용매에 고체 전해질을 담그면, 이온 전도도가 떨어지기 시작하는 것을 확인했습니다. 극성이 높은 용매는 황화물 전해질의 정질 구조를 무너뜨리기 때문입니다. 비극성 또는 극성이 낮은 용매를 슬러리에 써야 한다는 뜻입니다. 그런데 비극성 용매를 사용하면 바인더의 접착력이 저하되는 문제가 있습니다. 극성 용매를 사용하면 용해성과 전도성을 잃게 되고, 비극성 용매를 사용하면 생산성과 성능을 잃게 되는 상충 문제(trade-off)가 발생하죠.

'탈보호 화학'으로
새로운 바인더 설계

이런 딜레마를 극복하는 방법으로 극성이 변하는 바인더를 개발했습니다. 이른바 탈보호(deprotection) 화학이라 불리는 방법을 통해 슬러리 공정에서는 무극성을 유지해 황화물 전해질과 호환성을 높이고, 전극 공정에서는 극성을 상승시켜 접착력을 복원하는 것입니다.

먼저 극성의 카복실산(carboxylic acid) 그룹을 t-부틸(t-butyl)로 보호해서 무극성 용매에 바인더가 잘 용해될 수 있도록 극성을 일치시킵니다. 슬러리 공정 이후 가열을 통해 탈보호를 진행하면 극성을 가진 카복실산 그룹 일부가 노출되면서 접착체 기능을 하여 전극의 안정성이 훨씬 개선됩니다(그림 6-6). 이러한 탈보호 화학은 유기화학이나 제약 분야에서는 빈번히 사용되는데 배터리 분야에서 적용된 사례는 거의 없습니다.

리튬이온배터리의 전극 접착력은 대략 10gf/mm 정도이고 황화물 기반 전고체 배터리에 흔히 사용되는 바인더인 부타디엔 고무(BR, butadiene rubber)의 접착력은 훨씬 낮습니다. 반면 탈보호 화학 기반의 새 바인더의 접착력은 20gf/mm 이상으로 대폭 개선되었습니다(그림 6-7).

50사이클 운전 시 부타디엔 고무 대비 사이클 수명도 훨씬 뛰어납니다(그림 6-8). 25사이클 이후를 보면 부타디엔 고

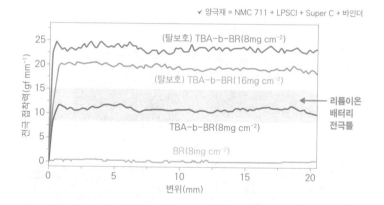

그림 6-6   t-부틸을 이용한 카복실산 보호 및 탈보호

✓ 양극재 = NMC 711 + LPSCl + Super C + 바인더

그림 6-7   탈보호 화학 기반 바인더의 특성: 접착력

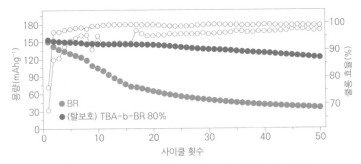

용량 유지: (탈보호) TBA-b-BR 80% VS. BR 24% 50사이클 이후

그림 6-8　탈보호 화학 기반 바인더의 특성: 사이클 수명

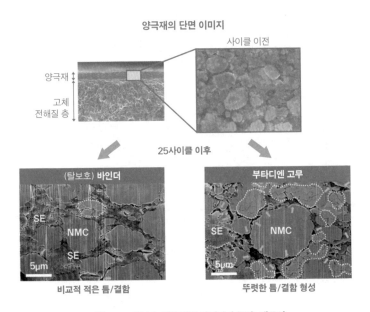

그림 6-9　탈보호 화학 기반 바인더의 특성: 내구성

무 전극은 입자 내 또는 사이사이에 균열이 많은 반면, 탈보호 바인더 전극은 균열과 공동이 훨씬 적습니다(그림 6-9).

전고체 배터리의 미래를
꽉 쥐고 있는 새로운 바인더

일반 대중을 포함한 많은 사람들이 전고체 배터리라는 새로운 기술에 관심이 많습니다. 폭스바겐, 현대, 포드 등 글로벌 자동차 기업들 상당수가 전고체 배터리를 개발하는 업체에 대규모로 투자하고 있습니다. 하지만 이 분야는 아직 기술 개발 초기 단계에 있습니다. 여기서 중요한 메시지는 어떤 소재를 택하든 현재의 리튬이온배터리에 적용되는 것과 동일한 방식인 습식 공정을 채택하는 한, 기능적이고 확장 가능한 전고체 배터리용 바인더를 개발하여 비용 대비 효율과 확장성을 높일 필요가 있다는 것입니다.

　　바인더는 더 이상 부수적인 전극 구성 요소가 아니므로 전극 특성에 맞는 첨단 고분자 설계를 해야 합니다. 새로운 바인더 설계를 적용할 수 있는 전극이나 배터리 시스템은 매우 많습니다. 초반에 소개한 실리콘 음극, 리튬 금속에도 더 나은 바인더가 필요하고 후반에 소개한 전고체 배터리, 하이니켈(high-Ni), 황 양극 등 차세대 배터리에도 더 좋은 바인더가 필요합니다.

새로운 전극과 배터리가 개발됨에 따라 새롭게 해결해야
할 문제도 생겨나고 있습니다. 기능성, 점성, 다른 전극 구성
요소와의 상호작용 등 고분자의 핵심 요소를 종합적으로 고려
해 더 개선된 해결책을 찾아내고 이를 실험실에서 양산 시설
로 어떻게 확대해 나갈지 고민해야 합니다.

7

생물학적 에너지 변환에 기반한 차세대 배터리 기술

Design of New Battery Materials Exploiting the Materials in Biological Energy Transduction

강기석

- 서울대 재료공학부 교수
- 서울대 재료공학 학사, MIT 재료공학 박사
- 카이스트 신소재공학과 교수(2009~2012)
- 공학을 활용한 배터리용 신소재 설계

이 장에서는 생물 에너지 변환을 활용해 새로운 배터리 소재를 설계하는 연구를 소개하고자 합니다. 현재 리튬이온배터리 기술이 시장을 지배하고 있지만 아직 에너지 밀도와 가격 측면에서 발전의 여지가 많습니다. 배터리 소재가 여전히 무겁고 비싸죠. 그래서 지난 수십 년간 새로운 배터리 화학과 고성능 소재를 개발하려는 시도가 꾸준히 있었습니다.

최근 인간의 뇌를 모사하는 뉴로모픽(neuromorphic) 반도체가 개발되고 있듯, 생물의 에너지 변환과 우리 신체 현상이 새로운 배터리 화학의 개발에 영감을 줄 수 있습니다. 우리가 섭취하는 음식에는 화학 에너지가 있습니다. 음식을 소화시키면 이 에너지가 우리 몸을 움직이는 역학 에너지로 바뀝니다. 우리가 사물을 인식하는 것은 사실 그곳에서 반사된 광자 신호가 눈으로 들어와서 전기화학적 신호로 바뀌는 것입니다.

우리 몸 안에서 여러 형태의 에너지 변환이 이뤄지고 있는 겁니다.

배터리는 어떨까요? 배터리는 화학 에너지를 전기 에너지로, 그리고 전기 에너지를 화학 에너지로 바꾸는 에너지 변환 장치입니다. 에너지를 저장하는 기본 원리이죠. 에너지 변환 관점에서 우리 몸과 배터리의 유사점을 찾아보면 아이디어를 얻을 수도 있습니다. 다이어트를 하시는 분들은 한번쯤 들어봤을 법한 농담 중에 '물만 먹어도 살이 찐다'는 말이 있죠. 이는 바꿔 말하면 우리 몸에 효율적으로 에너지를 저장하는 메커니즘이 존재한다는 뜻입니다.

리튬이온배터리는 음극·양극·전해액의 세 가지 요소로 구성되어 있습니다. 배터리 충전과 방전의 핵심은 셔틀 반응 (shuttle reaction)을 통해 리튬이온과 전자가 음극에 삽입되었다가 다시 추출되어 양극에 삽입되는 것입니다. 이 과정이 음극과 양극 사이에서 무한히 반복되어야 하므로 가역적인 리튬이온 및 전자 추출이 배터리 소재의 핵심입니다. 리튬 코발트 산화물(lithium cobalt oxide)과 같은 훌륭한 양극재의 발견에 따라 배터리 에너지 밀도도 증가해 왔습니다.

양극재가 갖춰야 하는 기본적인 세 가지 조건은 다음과 같습니다. 첫째로 당연히 리튬을 함유해야 합니다. 둘째로 산화 환원 활성요소(redox-active element) 역할을 하는 전자 수용체나 공여체가 있어야 합니다. 그래서 원자가 상태가 쉽게 바뀌어 전자를 받아들이는 전이금속(transition metal)이 양극재로 많이 쓰입니다. 셋째로 충·방전 시 리튬이온과 전자가 들어갔다 나올 수 있는 결정 구조가 있어야 합니다.

이 모든 조건이 충족되어야 리튬이온배터리 소재로 적합한 후보가 됩니다. 안타깝게도 지구 상에 전이금속 화합물 결정은 그리 많지가 않습니다. 그중에서도 극히 일부만이 리튬을 함유하고 있고, 또 그중 극히 일부만이 개방된 결정 구조를 가지고 있습니다. 리튬 코발트 산화물의 발견이 2019년 노벨 화학상으로 이어진 이유이기도 합니다.

새로운 배터리, 우리 몸을 들여다보다

조금 다른 시각으로 접근해보면 어떨까요? 지금까지 리튬이온배터리의 근간이었던 인터칼레이션(intercalation) 화학에서 벗어나 우리 몸의 생체 에너지 변환을 활용해서 배터리를 만들어보는 겁니다.

몇 가지 장점이 있습니다. 생물학적 에너지 변환은 수억 년에 걸친 진화를 통해 고도로 최적화되어 있습니다. 살아있는 생물은 모두 에너지를 변환하므로 소재를 구하기도 쉽죠. 코발트나 니켈 같은 자원이 제한된 전이금속이 없어도 에너지 변환을 할 수 있습니다.

생물학적 에너지 변환을 가능하게 하는 두 가지 중요한 메커니즘이 있습니다. 하나는 광합성(photosynthesis)이고 다른 하나는 세포 호흡(cellular respiration)입니다. 광합성은 수송체 분리와 전하 이동 반응을 통해 광 에너지를 전기와 화학 에너지로 변환하는 것입니다. 실제로 인공 광합성이나 생체 모방 태양광 전지와 같은 응용 연구분야도 있습니다. 한편 세포 호흡은 에너지 저장 및 변환이 전자 교환을 통한 산화환원 반응을 거쳐 이뤄진다는 점에서 배터리의 원리와 유사하다고 볼 수 있습니다.

우리는 먼저 세포 호흡에서 산화환원 반응을 수행하는 핵심 물질을 찾아낸 후 9,000만 개의 유기 소재 데이터베이스에

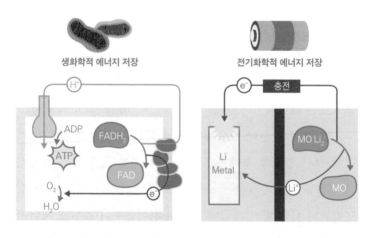

그림 7-1　생체 세포 내 전자·이온 전달과 이차전지 내 전자·이온 전달의 유사성

서 이 특정 물질을 함유한 후보 소재를 발굴했습니다. 그리고 약간의 분자 재설계를 거쳐 최적화된 소재를 완성했습니다. 완성된 첫 사례는 미토콘드리아의 에너지 변환에 기반한 것이었습니다. 좀 복잡해 보이지만 핵심은 세포 호흡이 일어나는 동안 생물 분자가 전자와 이온을 동시에 운반한다는 것입니다.

단순화된 도식으로 보면 그림 7-1과 같습니다. 전자가 세포막을 통해 이동하고 이온이 세포 외부로 나갔다 들어옴으로써 ADP가 ATP로 변환됩니다. 배터리에서 리튬이온이 전해액을 통해 움직이는 동안 전자도 배터리 셀 안팎으로 이동합니다. 전기화학적 관점에서 볼 때 전자와 이온이 분리된 경로로 이동한다는 점에서 세포 호흡과 배터리의 기본 원리는 동일합니다.

생물학적 시스템으로 만든
첫 배터리, 그러나…

전자와 이온의 분리 이동이 일어나는 생물학적 소재를 배터리에 적용하면 무슨 일이 일어날까요? 단순한 호기심에서 실험을 했고 실제로 가능하다는 것을 입증했습니다. 자연에서는 리보플라빈(riboflavin)과 산화환원 활성 다이아자부타디엔(diazabutadiene)이 수소이온(양성자)과 전자 저장을 통해 세포 호흡을 한다고 알려져 있습니다. 우리는 전기화학 시험을 통해 이 물질이 산화환원 반응을 통해 리튬이온도 함께 저장할 수 있다는 것을 밝혔습니다.

그림 7-2는 리보플라빈 기반 리튬이온배터리의 사이클 결과입니다. X축은 소재 내에 삽입된 리튬이온의 수를 나타내는데 곧 용량(capacity)을 의미하고, Y축은 전압입니다. 배터리 분야에서 흔히 볼 수 있는 충·방전 프로파일입니다. 즉, 생물학적 산화환원 구조를 배터리 소재로 응용해 에너지 저장에 성

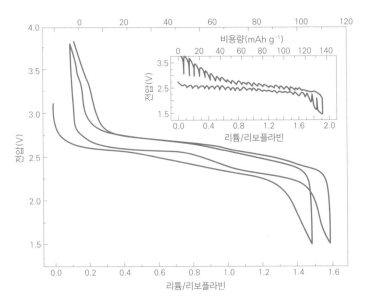

그림 7-2   세포 호흡에 관여하는 생물 분자를 이용한 최초의 이차전지 전극 실험

공한 첫 사례인 것입니다.

안타깝게도 이 리보플라빈 배터리의 초기 성능은 그리 뛰어나지 않았습니다. 완충까지 10시간이나 걸려 실용성이 떨어지고, 충·방전 사이클을 10회 반복하면 초기 용량 대비 40% 이상 감소합니다. 우리는 이 문제점을 개선하기 위해 추가적인 분자 재설계를 진행했습니다. 핵심 산화환원 사이트 외에 배터리 화학에 참여하지 않는 다른 부분을 제거해 리보플라빈 구조를 간소화하고 에너지 밀도를 높였습니다. 개선된 리보플라빈 배터리 소재는 모두 150mAh/g 이상의 용량을 발현하고 20°C, 40°C, 50°C (1~3분 충전) 조건에서도 열화(degradation) 없이 500사이클 이상 가능합니다. 약간의 화학적 가공을 통해 실용적인 범주에 진입한 것입니다.

하지만 아직 상용화 단계에 이르지는 못했습니다. 전도도가 높은 탄소나노튜브(CNT, carbon nanotube)를 첨가해 생물 소재 고유의 절연성을 상쇄할 수 있지만, 셀 무게가 40% 가량 늘어나기 때문에 에너지 밀도가 낮아지는 부작용이 있습니다. 전해액 내에서 용해되기 쉬운 유기 소재라는 점도 발목을 잡고 있습니다.

우리 몸, 액체 상태의 전기화학 반응

대부분의 리튬이온배터리는 고체 상태의 리튬 코발트 산화물계 양극재, 고체 상태의 흑연 음극, 액체 상태의 전해액을 사용합니다. 생물 기반의 양극재는 처음에는 고체 상태를 유지하지만 시간이 지나면서 전해액에 용해된다는 문제가 있죠. 그런데 만약 처음부터 전해액에 양극재가 용해된 혼합물을 사용한다면 어떨까요?

레독스 흐름 배터리(redox flow battery)는 생체 내 전기화학적 반응에 참여하는 모든 물질이 고체가 아닌 액체 상태로 혈액 순환계를 통해 흐르고 있다는 데 착안해 만들었습니다. 리튬이온배터리와 유사하지만 모든 소재가 액체 상태라는 것이 차이점입니다. 용해에 취약하고 전도성이 떨어지는 생물학적 배터리 소재를 적용하기에 적합한 환경입니다. 탱크 사이즈나 펌프 속도를 조절하여 출력과 에너지 밀도를 독립적으로 제어할 수 있어서 대용량 배터리를 만들기에도 더 용이하죠. 확장성 덕분에 이처럼 단순한 화학 구조로 노트북 배터리부터 메가와트시(MWh) 규모의 대형 에너지 저장장치까지 만들어낼 수 있습니다. 또한 두 개의 전해질이 각각의 탱크에 보관되기 때문에 자가 방전의 위험도 없습니다.

우리는 흐름 배터리에 적용될 생물 소재 후보로 박테리아의 생리적 전하 이동 반응에 참여하는 페나진(phenazine)을 선

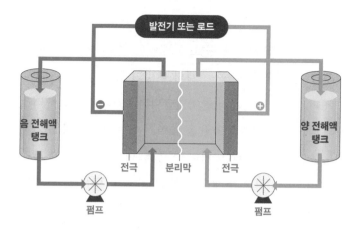

그림 7-3 레독스 흐름 배터리

메틸화
(전압증가 효과)

작용기 추가
(용해도 증가 효과)

페나진(Phenazine)
박테리아에서 발견한 분자

DMPZ

BMEPZ
변형한 배터리 소재

**그림 7-4 박테리아에서 발견한 분자(페나진)를 변형한
레독스 흐름 배터리 신소재(BMEPZ)**

생물학적 에너지 변환에 기반한 차세대 배터리 기술　　153

정했습니다. 이 단순한 구조의 물질은 박테리아를 위한 에너지 운반체 역할을 하는데, 수소를 메틸로 치환하면 전압 특성이 좋아지는 점을 활용해 두 개의 메틸기를 지닌 디메틸페나진(dimethylphenazine)을 만들어냈습니다. 그리고 액체 배터리 소재의 농도를 극대화해 효율을 높이기 위해 작용기를 추가해 용해도를 10배 증가시켰습니다. 최종적으로 레독스 흐름 배터리에 적용한 BMEPZ 소재는 전하 대량 이동 덕분에 충·방전 율속 특성이 매우 뛰어납니다. 산화환원 반응도 빠르게 일어납니다. 200사이클 이후에도 용량 저하가 없습니다. BMEPZ 적용 흐름 배터리가 지금까지 개발된 어느 레독스 흐름 배터리보다도 에너지 밀도가 우수한 것을 확인했습니다.

충·방전 때 색이 바뀌는 배터리:
BMS의 새로운 가능성

생물 소재 기반 레독스 흐름 배터리에서 흥미로운 점 하나는 충·방전 과정에서 용액의 색이 바뀐다는 것입니다. 배터리를 충전하면 파란색, 녹색, 노란색, 빨간색으로 순차적으로 변하고 방전하면 반대로 변합니다.

　이걸 어떻게 활용할 수 있을까요? 전기차를 타다 보면 배터리 잔량을 얼마나 믿을 수 있을까 의문이 생기죠. 배터리 관리 시스템(BMS, battery management system)에서도 정확한 충전 상태 확인은 매우 중요한 영역입니다. 그런데 이 새로운 배터리는 단지 색깔만 봐도 충전 상태를 알 수 있습니다. 소재의 복잡한 특성을 이용해 색 변화를 정량화하고 알고리즘과 연동하면 더 정확한 배터리 잔량 예측이 가능할 것입니다.

배터리, 한계를 넘는
'학제간 접근'을 위하여

리튬, 코발트, 니켈, 망간 등에만 얽매이지 않은 새로운 배터리 화학을 위해 어떤 흥미로운 접근이 연구되고 있는지 잘 전달되었기를 바랍니다. 생물학적 에너지 변환과 같은 전혀 다른 분야의 내용을 적용하여 기존의 배터리 기술을 개선하거나 돌파구를 마련할 수 있습니다. 두 가지 예시를 보여드렸지만 지구상에는 그 밖에도 아주 다양한 생물학적 시스템이 존재하기 때문에 새로운 배터리 화학을 발견할 기회도 아주 많습니다.

'제2회 과학혁신 컨퍼런스(2020년 1월 10일)'와
'과학혁신 웨비나: 배터리 기술의 미래(2021년 2월 19일)'의 토론 내용을 재구성

8

〈종합토론〉
지속가능한 미래를
충전하는 배터리

사회

현택환

서울대 화학생물공학부 석좌교수

대담

M. 스탠리 위팅엄

뉴욕주립대(빙엄턴) 화학과 석좌교수

거브랜드 시더

UC버클리 대니얼 M. 텔렙 석좌교수

강기석

서울대 재료공학부 교수

최장욱

서울대 화학생물공학부 교수

반도체는 1970~1980년대에는 256KB 정도를
다뤘는데 지금은 GB(1GB=10⁶KB)를 다룰 만큼
미세화의 측면에서 상당한 발전이 있었습니다.
그런데 1990년대에 시작된 리튬이온배터리의 경우,
지난 20년 동안 에너지 밀도가 2배 정도밖에
안 늘었습니다. 반도체와 배터리의 고도화에
왜 이렇게 큰 차이가 생기는 걸까요?

최장욱

비슷한 질문을 자주 받습니다. 지난 20년 동안 배터리의 발전
이 제한된 건 소재의 한계 때문입니다.

반도체 산업에서는 실리콘이라는 동일한 소재의 틀 안에
서 더 미세한 회로를 구현하기 위한 공정 기술이 계속 발전해

왔습니다. 반면 배터리는 성능 향상을 위해 새로운 소재를 계속 찾아야 하는데 이것이 굉장히 소모적인 과정입니다. 가장 간단한 방법은 주기율표를 뒤지는 건데 배터리 전극 조건을 모두 충족시키는 소재가 많지 않습니다.

강기석

물리적 고도화와 화학적 고도화를 비교할 수 없다고 생각합니다. 반도체의 집적도와 성능은 회로의 사이즈가 작아지면서 새로운 시장과 경제성을 얻는 무어의 법칙에 따라 발전해 왔습니다. 하지만 배터리의 화학적 성능은 물리적인 크기를 줄인다고 개선되지 않습니다.

화학에서의 발전은 계단 함수입니다. 새로운 화학반응을 발견해야 성능이 다음 계단으로 뛰어오를 수 있죠. 그 후에 최적화 과정을 통해 전극의 물리적인 특성이 개선되면서 점진적으로 성능이 개선됩니다. 무어의 법칙과 같이 지속적인 성능 향상을 이루기 어렵기 때문에 새로운 배터리 화학이나 소재가 계속 등장해야 합니다.

배터리 에너지 밀도가 증가할수록 화재 및 폭발의 위험도 필연적으로 높아집니다. 최초의 리튬이온배터리는 모바일 기기나 노트북용이었죠. 하지만 지금 리튬이온배터리를 가장 많이 사용하는 분야는 전기차입니다. 스마트폰 배터리가 폭발해도 문제이지만 전기차 배터리가 폭발하면 정말 큰 사고로 이어집니다. 많은 인명 피해가 발생할 수도 있죠. 그래서 전기차 배터리에서는 안전성이 매우 중요합니다. 에너지 밀도를 높이면서도 안전성을 유지하는 방법은 없을까요? 특히 학계에서는 화재 및 폭발 사고를 예방하고 비가연성 배터리 소재를 개발하기 위해 어떤 연구를 해야 할까요?

강기석

배터리의 핵심은 많은 양의 리튬이온이 들어가고 나오는 동적 화학반응입니다. 반도체처럼 정적인 상태에서 작동하지 않습니다. 에너지 밀도가 높을수록 위험해지는 것은 변하지 않는 사실입니다. 에너지 밀도가 높은 원자력 발전에 문제가 생기면 심각한 재난이 발생합니다. 리튬이온배터리는 원자력보다는 에너지 밀도가 훨씬 낮지만, 앞으로 에너지 밀도가 개선되면서 자연히 그만큼 더 큰 위험요소가 될 것입니다.

　폭발은 연료·산소·점화의 세 가지 조건이 갖춰질 때 일어납니다. 배터리의 유기 전해질이 연료, 산화물 양극재가 산소 공급원의 역할을 하고, 외부 충격이나 내부 결함에 의해 점화가 발생하면 화재와 폭발로 이어지는 것입니다.

배터리 안전성은 크게 세 가지 단계로 관리할 수 있습니다. 첫째는 배터리를 구성하는 각 소재의 안전성입니다. 둘째는 배터리 셀(cell)의 안전성입니다. 세번째는 배터리 팩(pack)의 안전성입니다. 테슬라 전기차의 경우 7,000~8,000개의 원통형 셀이 하나의 팩으로 조립돼 있는데, 각 셀의 부하가 최적화되어 있지 않으면 과충전되거나 저항이 높아져 안전 사고로 이어질 수 있습니다.

각 단계별로 안전성을 높이기 위한 체계적인 접근이 필요합니다. 가장 효과적인 것은 소재 단계에서 화학반응 자체를 더 안전하게 만드는 것입니다. 그래서 고체 전해질로 넘어가려는 배터리 연구 경향에는 일리가 있습니다. 고체는 액체처럼 쉽게 연소하지 않으니 해결책이 될 수 있습니다. 또 하나의 해결책은 산소 공급을 억제하는 것입니다. 양극재에 인산염(phosphate) 또는 불소(F)를 도입해 산소 발생을 억제할 수 있습니다. 전해질을 가연성이 아닌 비가연성 소재로 전환하는 방법도 있습니다.

최장욱

배터리 화재가 발생하는 이유는 가연성 유기 전해액이 연료 역할을 하기 때문입니다. 그런데 전해질 소재를 바꾸면 화학적 특성이 달라져 상충(trade-off) 문제가 발생하기 때문에 이를 최적화하기 위해 소재와 시스템에 대한 이해가 필요합니다.

배터리 안전은 아주 어려운 주제입니다. 제조사의 품질 관리가 중요합니다. 양산 과정에서 100만 개 중에 한 개의 하자(defect)가 생겨도 사고로 이어질 수 있습니다. 그래서 PPM(parts per million, 100만 분의 1) 수준의 품질 관리로는 충분하지 않고 PPB(parts per billion, 10억 분의 1) 수준으로 관리해야 합니다.

차체 내에서 방지책 같은 건 없을까요?
셀 하나가 하자가 있을 경우 그 셀만 찾아내서
고립시킬 수 있다면 다른 셀로 피해가 커지거나
폭발까지 이어지는 것을 막을 수 있지 않을까요?

최장욱

그게 배터리 관리 시스템(BMS, battery management system)의 역할입니다. 각 셀의 온도를 측정하고 비정상적인 조건이 감지되면 그 부분의 가동을 중단하는 겁니다. 앞서 5장에서 언급한 것처럼 좀 더 정확한 감지와 대응을 위해 관리 시스템 고도화가 이뤄지는 중입니다.

M. 스탠리 위팅엄

우리는 실수를 통해 배웁니다. 사고 사례를 통해 많은 것을 배울 수 있습니다. 2013년 보잉787 항공기에 배터리 문제가 발생했는데, 시스템 설계 결함으로 센서가 잘못된 위치에 장착되어 화재가 감지되지 않았고 한 셀에서 다른 셀로 화재가 번졌습니다.

또 한 가지 교훈을 주었던 사례는 2019년 미국 애리조나 피닉스의 LG 에너지 저장 장치(ESS) 시설 화재 진압 과정에서 소방관 6명이 부상을 입었던 사건입니다. 당시 소방관들은 배터리 화재 상황 대처 방법에 대한 교육을 받지 못한 상태였죠. 하지만 이제 뉴욕 주에는 배터리 화재 대처 시스템이 잘 구축돼 있고, 소방 당국이 배터리 화재 대응 교육도 실시하고 있습니다. 갈수록 배터리 사용처가 늘어나고 있으므로 이런 교육이 점점 중요해질 것입니다.

지난 10년 동안 차세대 배터리를 개발하기 위해 많은 연구가 진행됐습니다. 그렇게 많은 연구가 있었음에도 리튬이온을 대체할 뚜렷한 기술이 등장하지 않는 이유는 무엇일까요?

강기석

향후 10년간 리튬이온배터리가 시장을 독식할 것인지, 아니면 적용 사례에 따라 기술이 다변화할 것인지를 놓고 논쟁이 많습니다. 예를 들어 범용 목적으로 리튬이온배터리가 사용되는 한편, 보다 저렴한 소듐이온배터리와 고에너지의 마그네슘이온배터리가 특정 사례에 적용될 수 있습니다.

리튬이온배터리 기술의 입지는 반도체의 실리콘 기술과 아주 유사합니다. 비실리콘 기술도 계속 연구가 되고 있지만 확장성의 장벽 때문에 실리콘 기술의 시장 지배가 공고해지고 있죠. 리튬이온배터리도 이처럼 될 가능성이 높습니다. 리튬 공기, 리튬 황, 전고체 기술도 전망은 좋지만 확장성의 문제를 해결해야 합니다. 전기차 시장이 아주 빠르게 성장하면서 기업들도 이미 생산 시설을 확대해 규모의 경제를 이루고 있습니다. 이러한 측면에서 몇몇 단점에도 불구하고 리튬이온배터리가 시장을 계속 지배할 것 같습니다.

시더 교수님에게 질문하고 싶습니다. 어떻게 생각하세요?

거브랜드 시더

제가 1980년대 후반 UC버클리 대학원생일 때 반도체 업계의 한 기업 발표가 있었습니다. 실리콘이 갈륨 비소(gallium arsenide)로 완전히 대체될 것이라고 했죠. 그리고 프로세서 속도가 5MHz에서 한계에 도달할 거라고 했습니다. 아시다시피 실리콘 기술은 아직도 지배적이고, 요즘 중앙처리장치(CPU) 성능은 3~4GHz 수준입니다.

여기서 제가 얻은 교훈은 사람들이 혁신에 대해 회의적이라는 겁니다. 그런데 반도체의 실리콘 기술과 배터리의 리튬이온 기술만 봐도 20년 전엔 불가능하다고 생각했던 것들이 상당 부분 실현됐습니다. 리튬이온이 전력망에 사용될 거라고는 누구도 상상하지 못했죠. 리튬이온 셀 가격이 킬로와트시(KWh)당 100달러에 도달할 거라고 아무도 예상하지 못했습니다.

이것이 산업의 힘입니다. 학계 관점에서는 산업계가 매년 5%씩 점진적인 발전을 이루는 것이 별것 아닌 것처럼 보일 수 있지만 이것이 누적되면 혁신이 됩니다. 물론 새로운 기술을 회의적으로 보는 것은 아닙니다. 하지만 가장 성공적인 혁신은 기존 기술을 활용하는 것입니다. 예를 들어 리튬이온에 새로운 소재를 적용할 수 있죠. 소듐이온 기술은 리튬이온 기술과 80% 호환 가능합니다. 완전히 새로운 공급망이나 생산 설비에 투자할 필요가 없죠. 산업계에 강력한 동기부여가 될 수 있습니다.

반면에 완전히 새로운 것을 발명하면 막대한 초기 투자를 정당화할 만큼 장점이 뚜렷하거나 높은 초기 비용을 감당할 시장이 형성되어 있어야 합니다. 제가 참여했던 마그네슘 배터리 연구의 목표도 리튬이온배터리보다 저렴한 배터리를 만드는 것이었는데, 관련 공급망이나 생산 시설이 갖춰져 있지 않던 초기 모델의 단가는 킬로와트시당 2,000달러였습니다.

최장욱

저는 리튬이온 기술을 반도체 실리콘 기술과 비교하기는 어렵다고 봅니다. 화재 위험이라는 아주 심각한 내재적 결함이 있기 때문입니다. 실리콘에 비해 경쟁 기술의 입지가 훨씬 좋습니다. 화학적 이해도가 높아지고 가치 사슬만 확보된다면 대체 기술이 언제든지 부상할 수 있을 겁니다.

강기석

여러 기업에서 소듐 또는 마그네슘 배터리 화학에 많은 투자를 하고 있기 때문에 리튬이온 기술과 경쟁 구도는 좀 더 살펴봐야 할 것입니다. 차세대 배터리 소재를 찾을 때 안전성 외에도 가격 대비 성능, 즉 달러당 에너지 밀도를 고려해야 합니다.

리튬이온배터리를 대체할 저렴한 차세대 배터리들이 개발 단계에 있습니다. 예를 들어 소듐이온배터리는 코발트와 니켈보다 저렴하고, 풍부한 철(Fe)이나 망간(Mn) 산화물 등을 양극재로 활용할 수 있다는 이점이 있습니다. 하지만 실제로 소듐이온배터리가 리튬이온배터리를 대체하기 위해선 지난 20년에 걸쳐 축적된 리튬이온배터리의 소재·설계·공정 노하우와 단가 경쟁력을 뛰어넘어야 하죠. 향후 리튬이온배터리보다 가격이 낮아질 가능성이 있지만 초기 투자 리스크가 높기 때문에 힘든 싸움을 벌여야 합니다.

리튬이온배터리의 재활용성도 고려해야 할 요소 중 하나입니다. 소듐이온배터리를 포함한 다른 저렴한 배터리가 대용량 배터리에 더 적합할지 모르지만, 리튬이온배터리는 수명이 다하더라도 에너지 밀도가 여전히 높기 때문에 에너지 저장장치로 재사용할 수 있습니다. 고성능이 중요한 전기차에서 사용한 뒤에 상대적으로 낮은 요건의 저장장치로 재사용한다면, 이때 절약되는 비용을 무시할 수 없습니다.

거브랜드 시더

저렴한 신기술이 시장에 진입할 때 실제로 저렴한 경우는 드뭅니다. 성공적인 기술은 보통 고부가가치 시장을 통해 진입합니다.

전고체 배터리도 마찬가지입니다. 가치가 높은 모바일 기기 시장을 진입 지점으로 삼고 비용 절감이 이뤄지면 적용 분야를 점차 확대할 겁니다. 소듐이온 기술도 리튬이온 대비 장점은 있지만 시장에 진입하기엔 충분하지 않습니다. 개발 비용이 많이 들어가는 데 비해서 그 비용을 만회할 정도로 고부가가치 응용 분야가 없기 때문에 투자에 부담감이 있습니다.

기존 기술을 대체하는 건 항상 어렵습니다. 실리콘보다 성능이 더 뛰어난 다른 반도체 소재도 있지만 실리콘이 계속 사용되죠. 배터리 분야도 NMC(Nickel Manganese Cobalt) 또는 LFP(Lithium Iron Phosphate)로 대표되는 리튬이온이 현재로서는 주류이며 이를 꺾기는 어려울 것입니다.

산업계에서 꾸준히 에너지 밀도를 높이는 데 성공했다는 점도 기억해야 합니다. 지난 20년간 리튬이온배터리 발전 양상과 고체 전해질 적용 이후 이뤄질 새로운 체계적 발전을 고려하면 장기적으로는 에너지 밀도를 지금의 두 배로 늘릴 수도 있습니다.

강기석

인터칼레이션 화학의 발견 이후 지난 20년 간 산업계에서 일어난 리튬이온 기술의 고도화는 패키징이나 제조 공정의 혁신이지 완전히 새로운 배터리 화학이나 소재의 발견은 아닙니다.

리튬코발트 산화물에서 NMC으로 양극재가 일부 바뀌기는 했지만 거의 동일한 결정 구조이며 음극의 경우 동일한 흑연 기반 소재가 아직까지 사용되고 있습니다. 많은 최적화가 이뤄졌지만 배터리 업계의 대다수는 인터칼레이션 화학의 한계에 가까워지고 있다는 데 동의합니다.

시더 교수님은 인터칼레이션 화학의 한계에 대해서는 어떻게 생각하시나요?

거브랜드 시더

산업계에서 가능한 최적화는 거의 모두 이뤄졌다는 것이 사실입니다. 그런데, 전극 화학과 관련된 혁신은 거의 대부분 학계에서 이뤄졌지요. 인터칼레이션 화학은 1960~1970년대에 초전도체를 연구하던 과학자들에 의해 발견되었습니다. 음극재인 흑연의 인터칼레이션은 그 이전인 1830~1840년대에 이미 발견되었습니다.

인터칼레이션의 한계는 분명 존재합니다. 이론적인 한계보다는 실용적인 한계라고 생각합니다. 리튬이온배터리의 부피당 에너지 밀도는 800Wh/L인데, 가솔린 내연기관 에너지 밀도의 60%인 1,400Wh/L 까지는 가능할 거라고 생각합니다.

그런데 리튬이온배터리는 이미 막대한 규모의 시장 수요를 충족하고 있습니다. 현재의 에너지 밀도로도 모바일 기기에 사용하기에는 충분한 성능이고, 전기차의 경우에도 약간 더 효율이 좋아져 600~700km까지 주행이 가능한 배터리가 출시된다면 모두가 전기차를 타고 다닐 겁니다.

성능이 대폭 향상되어야 하는 단 하나의 분야는 항공입니다. 지금의 에너지 밀도로는 전기비행기를 1~2시간밖에 운행하지 못합니다. 유럽이나 아시아 지역 내에서 단거리 노선은 가능해도 장거리 운항은 어렵죠. 고체 배터리가 도입되어 1,400Wh/L 수준에 도달하면, 그 어떤 기술도 리튬이온에 대적할 수 없을 겁니다. 30년 이상 실리콘과 같은 입지를 다질 겁니다.

최근 전고체 배터리가 산업계뿐 아니라 학계에서도 굉장히 많은 주목을 받고 있습니다. 전고체 배터리를 실현하기 위해서는 무엇이 필요할까요? 지금 직면한 한계는 무엇이고, 이를 극복하려면 어떻게 해야 할까요? 그리고 10년 내에 높은 에너지 밀도의 전고체 배터리가 실현될까요?

거브랜드 시더

우선 고체 배터리는 아직 초기 단계라는 점을 이해해야 합니다. 모두가 훌륭한 제품을 만들었다고 주장하고는 싶겠지만 매우 이른 단계입니다.

더 나은 소재, 더 나은 제조 기술이 필요하며, 리튬 금속의 화학적 특성에 대한 더 높은 이해가 필요합니다. 지금 산업계는 두세 가지 괜찮은 고체 리튬이온 전도체에 많은 투자를 하고 있는데, 재료과학 관점에서 이들의 성능과 안정성은 만족스럽지 않은 수준입니다.

안정성과 전도도를 모두 높이기 위해서는 액체나 가소제 첨가 없이 전고체 소재들을 결합할 창의적 아이디어가 필요합니다. 리튬 금속의 경우도 항상 안전성 문제가 뒤따르죠. 리튬 금속판의 화학적 특성, 고체와의 반응성, 고체 침투성 등 축적해야 할 지식이 많습니다.

M. 스탠리 위팅엄

지금도 폴리에틸렌 산화물(PEO, polyethylene oxide) 기반 상용 전고체 배터리가 시장에 나와있습니다. 에너지 밀도가 썩 뛰어나지는 않지만 중요한 벤치마크가 될 수 있을 겁니다.

제가 1970년대 스탠포드대에 재직할 당시, 포드자동차가 당시 막 발견된 베타 알루미나(beta alumina) 전해질 기반 고체 배터리 개발을 시도했는데 가장 큰 문제는 인터페이스(interface, 접촉면)였습니다. 안정적인 고체 인터페이스 구현이 어려워 당시에는 고체 전해질 주위에 용융 나트륨과 용융 황을 추가하는 방법을 사용했습니다. 인터페이스 문제는 오늘날에도 쉽게 해결이 어렵기 때문에, 리튬 황 배터리와 같이 고체 전해질을 부분적으로 적용하는 중간 단계를 거쳐 완전 고체화로 갈 것으로 예상합니다.

강기석

전고체 배터리로 넘어가려는 움직임이 굉장히 강한 것은 사실입니다. 거기에는 몇 가지 이유가 있습니다. 먼저 불에 탈 연료가 사라지기 때문에 안전성이 거의 보장됩니다. 그리고 액체가 아니기 때문에 실링(sealing)에 신경 쓸 필요도 없습니다.

하지만 가장 좋은 점은 폼 팩터(form factor) 설계의 자유도가 높아지는 것입니다. 모든 구성 요소가 고체가 되면 배터리 셀 모양을 어떤 형태로든 설계할 수 있습니다. 다양한 전기차 플랫폼의 요건에 따라서 셀을 자유롭게 배치할 수 있습니다.

전고체 배터리가 양산 단계에 이르려면 아주 큰 난관들을 극복해야 합니다. 그중 하나가 인터페이스 문제입니다. 기존 배터리의 액체-고체 인터페이스에서 고체-고체 인터페이스로 넘어가는 것은 굉장히 큰 변화입니다. 배터리의 충·방전 과정 내내 두 고체면이 끊김없이 접촉을 유지해야 합니다. 변형이 어느 정도 허용되는 액체-고체 인터페이스와 달리 한쪽 고체에 변형이 생기면 접촉면을 상실하게 됩니다.

또한 에너지 밀도 문제도 있습니다. 액체 전해질은 단 한 방울만 있어도 전극을 적셔서 전도체 역할을 하지만 고체 전해질로 전극 사이의 넓은 공간을 메우게 되면 배터리의 무게가 늘어나고 에너지 밀도 손실로 이어집니다. 기존 음극재를 그대로 사용하면 에너지 밀도 측면에서 경쟁력이 떨어지기 때문에 에너지 밀도가 훨씬 높은 리튬 금속 구조를 채용해야 하는 것입니다.

최장욱

저는 10년 내에는 전고체 배터리 상용화가 가능할 것이라고 봅니다. 다만 인터페이스, 에너지 밀도 외에도 제조 공정의 어려움에 대해 덧붙이고 싶습니다. 전극 구성이 달라지기 때문에 기존 리튬이온배터리 제조에 사용되는 습식 공정(wet process) 대신 새로운 건식 공정(dry process)을 고려해야 할 수 있습니다. 그리고 결국에는 달러당 에너지 밀도가 관건이기 때문에 생산 과정의 경제성도 확보해야 합니다.

노트북, 스마트폰, 전기차 등 다양한 분야로 배터리 활용의 폭이 넓어지고 있습니다. 한편 배터리에 사용되는 리튬, 니켈, 코발트 등 전이금속 자원은 고갈되고 있습니다. 제한된 자원으로 인해 배터리 재사용, 재활용도 주목받고 있는데, 지속가능성을 위해 어떤 접근이 필요할까요?

M. 스탠리 위팅엄

지금 미국에서는 납 축전지 재활용이 의무화되어 있고, 유럽에서는 전기차 제조사가 폐전기차를 회수해야 합니다. 이처럼 앞으로 법적으로 모든 폐배터리 처리를 제도화해야 할 겁니다. 오늘날 PC와 스마트폰에 들어가는 소형 배터리의 80%는 재활용되지 않습니다. 값비싼 자원인 코발트가 쓰레기 수거시설에 방치되고 있죠. 이것을 전부 재활용해야 한다고 생각합니다.

대형 배터리 재활용의 과제 중 하나는 운반입니다. 위험 화물로 구분되기 때문에 재활용 비용의 3분의 1이 특수한 절차를 통해 배터리를 운반하는 데 들어갑니다. 전기차 폐차 시설에서 폐배터리를 분리하는 것도 하나의 방법일 겁니다. 차에서 분리하기 전까지는 위험 화물이 아니니까요. 차체와 배터리를 한번에 재활용하는 전체론적인 접근이 필요할 수도 있습니다.

앞서 언급했듯이 1KWh 배터리를 생산하는 데 60~80KWh의 에너지가 소요됩니다. 자원도 에너지도 모두 제한되어 있다는 걸 명심해야 합니다. 미국 에너지부(DOE, Department of Energy)의 연구에 따르면 15년 내에 새 배터리에 들어가는 리튬의 절반 이상이 재활용 배터리에서 나올 것이라고 합니다. 이것이 가능하려면 정부의 정책적 지원이 필요합니다. 한국이나 유럽은 재활용이나 재사용에 대한 논의가 미국보다 훨씬 진전돼 있다고 봅니다.

거브랜드 시더

저도 배터리 원재료를 재활용하고 자원 소모를 줄여야 한다는 데 동의합니다. 그런데 시장을 지배하는 경제 논리를 어떻게 바꿀 것인지가 문제입니다.

테슬라 전기차를 10년 뒤에 중고로 판다고 했을 때, 배터리 팩은 출고 용량의 85~90% 이상을 유지하고 있을 겁니다. 그렇다면 아직도 그렇게 가치가 남아있는 배터리를, 원재료를 얻기 위해 분해하는 게 시장 논리에 맞을까요?

배터리의 사용 수명이 길기 때문에 자연스럽게 2차 시장이 형성될 것입니다. 배터리 구매자는 LG나 삼성에서 새 배터리를 KWh당 100달러에 구매하는 대신, 90% 성능을 유지한 중고 배터리를 KWh당 20달러에 구매할 수 있게 되는 겁니다. 배터리 2차 시장 관점에서는 아직 멀쩡한 배터리를 원재료 재활용을 위해 포기할 이유가 없는 겁니다.

리튬, 니켈, 코발트 같은 배터리 원재료 재활용까지의 선순환이 형성되기까지는 아주 많은 시간을 기다려야 할 수도 있습니다. MIT의 엘사 올리베티(Elsa Olivetti) 교수와 함께 이 문제를 심도 있게 연구한 결과, 생산된 배터리가 재활용 순환을 거쳐 원재료로 돌아오기까지 15~20년이 소요된다는 것을 발견했습니다. 앞으로 20년간은 막대한 양의 자원이 소모될 것이라는 거죠.

재활용이 자원 문제의 해결책으로 필요하다는 점은 알고 있지만, 2030년까지 연간 배터리 5TWh를 생산한다고 했을 때 재활용이 거기에 기여하는 비율은 0에 가까울 것입니다.

강기석

모두가 배터리 재활용이 중요한 문제라는 데 동의하지만 지금 당장 직면한 경제적인 문제가 아니란 게 문제입니다. 시장은 아직 에너지 밀도가 높고 안전성이 뛰어난 배터리를 원하죠.

그런데 배터리 재활용은 경제의 문제뿐 아니라 환경 문제이기도 합니다. 전기차 시장 추세를 바탕으로 매년 생산되는 배터리의 수를 보면 앞으로 막대한 양의 배터리가 순환될 것입니다. 이를 어떻게 처리할지 지금부터 고민해야 합니다.

학계에서도 이 문제를 다루기 시작했습니다. 한 가지 접근법은 코발트, 니켈 같은 전이금속을 사용하지 않고 보다 지속가능한 소재를 개발하는 것입니다. 희소성 있는 전이금속을 전혀 사용하지 않는 유기소재 기반 배터리도 연구되고 있습니다. 생분해성 배터리를 개발 중인 연구진도 있습니다.

시더 교수님이 말씀하신대로 배터리 2차 사용에 대한 연구도 이뤄지고 있죠. 폐전기차의 배터리도 여전히 상당한 수준의 성능을 지니고 있기 때문에 이를 저렴한 비용으로 적절한 응용 분야에 배치시키는 것이 숙제입니다.

최장욱

배터리 재사용과 관련하여 즉시 필요한 것 중 하나는 배터리 상태를 파악하는 기술입니다. 중고 배터리를 판매할 때 당장 상대방에게 성능과 잔존 가치를 검증해 줘야 할 겁니다. 여러 측면에서 배터리 상태를 수치화할 수 있어야 판매자와 구매자가 서로 신뢰할 수 있는 자연스러운 플랫폼이 형성될 것입니다. 그리고 기술도 중요하지만, 이런 중고 배터리 시장을 정책적으로 지원하는 것 또한 필요하다고 생각합니다.

강기석

전기차에 대한 질문을 더 해보고 싶습니다. 10년쯤 전에 전기차가 과연 성공할 것인가라는 회의론이 있었고, 반대로 매년 20% 성장할 거라는 예측도 있었습니다. 결국 전기차는 현실이 됐죠.

그런데 전체 자동차의 20~30%가 전기차가 된다고 했을 때, 전기 수요를 어디에서 충족할 수 있을지 걱정이 됩니다. 한국에서는 전기 공급원을 두고 논란이 있습니다. 태양광을 포함한 재생에너지가 점진적으로 성장하고 있는데, 발전 단가와 용량을 따져보면 이 많은 전기차를 굴리는 것이 쉽지가 않습니다. 전기차의 전기 공급에 대해 어떻게 생각하십니까?

거브랜드 시더

아주 중요한 부분을 지적하셨습니다. 전기차의 한계는 전기차 자체에만 있지 않습니다. 캘리포니아주처럼 전기차 보급률이 높은 지역은 인프라 문제에 직면하고 있습니다. 놀랍게도 대다수의 사람들은 전기차의 주행거리를 문제 삼기보다 충전소가 충분하지 않다는 사실에 불만을 갖습니다. 결국 문제는 인프라입니다.

좀 더 넓은 관점에서 전기 수요의 문제에 대해 얘기해 보겠습니다. 전기차로 인한 전기 수요 증가는, 문제보다는 기회라고 생각합니다. 앞서 캘리포니아주의 전기 수요를 보여드렸는데요(2장 참조), 이 문제는 충전이 필요한 시점을 사람이 아닌 AI 알고리즘이 결정하게 함으로써 해결할 수 있습니다. AI가 운전자의 일정과 전력망에 가용한 전력량 정보까지 종합해 충전 시점을 정하는 겁니다.

이 방법이 전력망에 에너지 저장장치를 추가하는 것보다 훨씬 효율적입니다. 만약 캘리포니아주 도로 위의 자동차 중 30%가 전기차가 되면, 그 어느 때보다 많은 배터리가 캘리포니아주의 전력망에 연결될 겁니다. 이 자동차들의 수요를 어느 정도 제어할 수만 있다면 바로 저장 공간의 여유가 생기고 V2G(vehicle-to-grid) 수요도 급격히 줄어들 것입니다.

평균 주행거리 400~500km의 전기차가 보급되는 요즘, 대다수의 운전자는 지금 당장 충전이 필요해서라기보다는 충전소가 있으니까 충전을 하는 경우가 많습니다. 전력망 운영과 전기 공급 방식이 지금보다 좀 더 스마트해져야 한다고 생각합니다.

강기석

내연기관차의 경우 수십년에 걸쳐 구축된 긴밀한 에너지 공급 네트워크가 있습니다. 시더 교수님은 앞으로 10년 내에 이 정도로 최적화된 전력 인프라가 구현될 수 있다고 보시나요?

거브랜드 시더

기술 문제보다 정책 문제라고 생각합니다. 지금까지 정부에서 많은 전기차 보조금을 지급해 왔는데 그 돈을 인프라에 투자해야 합니다. 전기차 구매는 다소 줄어들겠지만 인프라 문제를 지금 해결하지 않으면 앞으로 더 큰 문제가 시작될 겁니다. 어디서든 충전할 수 있어야 하고 급속 충전도 가능해야 합니다.

2019년 한국 정부는 수소경제를 선언했습니다. 수소 생산과 수소연료전지차도 앞으로 탄력을 받겠죠. 배터리 전기차(BEV, battery electric vehicle) 외에도 수소연료전지차(FCEV, fuel cell electric vehicle)도 있는데, 이 두 동력원의 현황과 미래에 대해 어떻게 생각하시나요?

최장욱

각 기술에는 장·단점이 있습니다. 수소차에는 배터리 전기차에 없는 장점이 있습니다. 에너지 밀도가 높아서 장거리 운행에 유리하고, 훨씬 낮은 온도에서도 사용 가능하죠. 하지만 인프라가 부족합니다. 결국 어느 기술이 낫다고 말하기 전에 균형 잡힌 시각으로 각 기술의 적정 분야를 찾아야 한다고 생각합니다.

운행 마일리지가 높은 버스에는 연료전지차가 좋지만, 짧은 거리를 자주 운행하는 작은 승용차에는 배터리 기술이 적합합니다. 에너지 생산·운송·저장을 위한 공급망도 고려해야 하고, 인구 대비 충전소의 수도 따져봐야 합니다.

강기석

최장욱 교수님 말씀에 전적으로 동의합니다. 결국 인프라 문제가 될 겁니다. 집에서 수소 충전이 용이한가? 사람들의 선호하는 에너지 형태는 무엇인가? 이러한 시장 요건들을 고려해봐야 합니다. 두 기술이 서로 경쟁 관계에 있는 특정 영역에서는 인프라 측면에서 고도화된 전력망이 구축된 현재 상황이 배터리 전기차에게 유리하게 작용하겠지만, 각 기술에 적합한 분야가 있을 것입니다.

한국은 최근 몇 년 동안 배터리 공급망에서 중요한 역할을 차지해 왔습니다. K-배터리 3사의 글로벌 시장 점유율은 2019년 16%에서 2020년 35%로 크게 늘었습니다. 한국이 차세대 배터리 혁신에서 현재의 입지를 유지하고 선도적인 역할을 수행하려면 정부·산업계·학계가 무엇을 해야 할까요?

M. 스탠리 위팅엄

확실히 주목받고 있는 영역은 안전입니다. 더 안전한 배터리를 위해서는 새 전해질을 찾아야 합니다. 우리는 30년 동안 똑같은 전해질을 사용해 왔죠. 차세대 배터리의 핵심은 전고체 기술입니다. 미국은 학계를 포함하여 많은 곳에서 연구를 하고 있고, 일본의 도요타도 연구하고 있습니다. 한국이 배터리 분야를 선도하기 위해서는 전고체 기술에 투자해야 합니다. 학계·국립 연구소·산업계가 모두 협력하고, 학제간 협업이 이뤄져야 합니다.

거브랜드 시더

배터리는 학제적인 분야라는 점을 기억해야 합니다. 칼코게나이드(chalcogenide) 초전도성 연구가 위팅엄 교수님의 이황화타이타늄(TiS2) 연구로 이어진 것이 좋은 예시입니다. 15년 동안 융합화학의 기초를 이해하는 데 시간을 들이지 않았더라면 비정질 암염 양극재 원리를 알아낼 수 없었을 것입니다. 비슷한 예로 1970~1980년대에 전산양자역학을 연구하지 않았더라면 전산소재과학도 탄생하지 못했겠죠. 전고체 배터리의 연구에는 고체분자가 서로 결합하고 변형하는 과정에 대한 이해가 필요하기 때문에 역학 전문가가 필요합니다.

배터리는 산업 분야이므로 시장성이 기술 발전을 좌우합니다. 하지만 어떤 기술이 필요한지, 어디에서 새로운 혁신이 일어날지가 항상 명확한 것은 아닙니다. 정부는 배터리의 기반 학문인 화학, 물리학 등 기초과학 분야를 지원해야 합니다. 기초과학 역량이 뛰어난 사람들을 이 분야로 끌어들일 동기가 필요하고 장기적인 지원도 필요합니다. 로마는 하루아침에 이뤄지지 않았죠. 사람들이 새로운 길을 개척하도록 독려해야 합니다. 수익성만을 위한 연구개발이 아닌 소재에 대한 깊은 이해를 쌓아야 합니다.

강기석

산업계에서 기술 경쟁은 매우 자연스러운 현상이기 때문에 항상 새로운 대체 기술을 받아들일 준비가 되어 있어야 합니다. 가까운 미래에 경쟁력이 있는 포스트-리튬이온 기술이 출현할 수도 있을 겁니다. 소듐, 리튬 공기, 전고체가 충분히 성숙해서 리튬이온과 경쟁할 수도 있겠죠. 지금은 에너지 밀도, 사이클 수명, 안전, 출력 등 모든 측면에서 리튬이온 기술이 타

기술보다 뛰어나지만 미래에는 어떤 기술이 지배적인 입지를 차지할지 모릅니다.

마찬가지로 지금은 K-배터리가 산업을 선도하고 있지만 경쟁 지형이 변한다면 리스크가 생길 것입니다. 이럴 때일수록 산업계는 과제를 해결하기 위한 자체적인 연구개발 역량을 강화하고, 학계는 포스트-리튬이온 기술을 뒷받침하는 기초 과학 연구에 더 집중해야 합니다.

마지막 질문은 위팅엄 교수님께 드리겠습니다. 2019년에 노벨화학상을 수상하셨습니다. 매일 아침에 눈을 떴을 때 교수님에게 동기부여를 하는 것은 무엇인가요? 한국의 과학도들에게 독려의 말씀 부탁드립니다.

M. 스탠리 위팅엄

저는 도전과 변화를 좋아합니다. 산업계에서 연구를 시작해 엑손에서 10년 정도 배터리를 연구했고 엔지니어링 부문 총괄이 된 뒤에는 합성 연료 등을 다뤘습니다. 그런데 일에 열정이 생기지 않았어요. 그래서 학계로 옮겼습니다. 학계의 장점 중 하나는 매년 새로운 젊은이들을 만날 수 있다는 것입니다. 젊은 과학도들과 교류하는 것이 즐겁고, 그들의 열정이 저도 젊게 합니다. 최근에는 코로나19 때문에 학생들과 직접 만날 수가 없는 점이 가장 힘들었습니다.

열정을 따라가세요. 돈을 벌기 위해 일하지 마세요. 그러면 결국은 불행해집니다. 그리고 도전을 받아들이세요. 연구가 모든 사람에게 맞지는 않습니다. 박사 과정으로 5년의 세월을 보내기 전에 정말 연구를 좋아하는지 확인해 보세요. 정말 좋아하는 일, 그리고 열정이 생기는 일을 하세요.

- O2, O3, P2 구조:

알파벳 O와 P는 각각 'octahedral(팔면체)'와
'prismatic(각기둥)' 원자 환경을 뜻하며, 리튬이
이 자리를 차지하는 층상 구조. 숫자는 층상 구조를
이루는 기본 단위 층의 개수를 의미.

- 고엔트로피 합금(HEA, high-entropy alloy):

주재료가 되는 한 가지 원소에 두세 가지 보조 원소들을
섞어 만드는 전통적인 합금과 달리, 다섯 가지 이상의
원소들을 같거나 비슷한 비율로 섞어 만드는 합금.
높은 배열 엔트로피(configuration entropy)를 가져 금속간
화합물(intermetallic compound) 생성 없이, 단상(single phase)
으로 안정화되는 특성이 있음. 원소들의 무작위 혼합의 높은
구성 엔트로피에 의해 단상에서 안정화된 다원소 합금.

– 과학기술정책실

(OSTP, Office of Science and Technology Policy):

과학기술 정책 자문을 위해 1976년 설립된 백악관 대통령
집무실 산하 부서. 과학기술의 대내외 지정학적 영향,
과학기술 정책 개발, 산업부문 협력, 연구기관 제휴 등의
업무를 담당. 2021년 조 바이든(Joe Biden) 대통령 임명 하
현재 에릭 랜더(Eric Lander)가 주도.

– 깁스 자유에너지(Gibbs free energy):

일정한 압력과 온도를 유지하는 열역학적 계(thermodynamic
system)에서 가역적 일로 변환할 수 있는 에너지.

– 단사정계(monoclinic):

고체의 일곱 가지 결정계 중의 하나. 평행사변형 밑면을
가지는 직각 프리즘의 결정 구조.

- 덴드라이트(dendrite):

리튬 금속 전극을 배터리에 사용할 때, 리튬 금속이 전착되는
과정에서 사방으로 가지를 뻗으며 나뭇가지 모양으로 리튬이
자라난 것. 리튬 덴드라이트가 생기면 내부 전기 저항이
급격히 올라가 열이 발생하기도 하며, 합선(short circuit)이
발생해 화재나 폭발로 이어질 위험이 있음. '나무'를 의미하는
그리스어 'dendron'에서 유래한 단어.

- 덴드리머(dendrimer):

나뭇가지 형태의 고분자(polymer).

- 레독스 흐름 배터리(RFB, redox flow battery):

양극 소재와 음극 소재를 전해질에 용해시키고, 펌프로
순환시켜 산화환원 반응을 유도해 전기를 생성하는 배터리.

- 무음극배터리(anodeless battery):

리튬이온배터리에서 리튬 금속이나 흑연 등 음극 활물질을
사용하지 않고, 집전체 또는 매우 적은 양의 리튬 금속 박막을
사용함으로써 부피와 무게를 줄인 배터리.

- 방전율(discharge rate, C-rate):
배터리의 최대 용량 대비 방전 속도. 1C는 1시간에
배터리 용량 전체가 방전된다는 의미.

- 볼츠만 상수(Boltzmann constant):
입자의 평균 운동에너지와 온도를 연결시키는 비례 상수.
기체 상수와 아보가드로 수의 비.

- 비정질(disordered):
원자들의 위치에 장거리 질서가 존재하지 않는 고체의 상태.

- 비정질 암염(DRX, disordered rocksalt):
결정질 암염 구조를 갖지만 양이온 격자에 리튬과
전이금속의 무질서한 배열을 갖는 리튬 전이금속 산화물.

- 산화환원 반응
　(oxidation-reduction reaction 혹은 redox reaction):
물질 사이 전자의 이동으로 일어나는 반응.
전자를 잃은 쪽을 '산화(oxidation)', 전자를 얻은 쪽을
'환원(reduction)' 되었다고 함.

- 산화환원 퍼텐셜(redox potential):

어떤 물질 또는 원소가 전자를 잃을 때(산화될 때), 또는
전자를 얻을 때(환원될 때) 필요한 고유 전압값을 기준
퍼텐셜 대비 나타낸 것.

- 셔틀 효과(shuttle effect):

배터리 활물질이 전해질에 녹아 분리막을 통과해
양극과 음극 사이를 오가면서 배터리 수명을 단축시키고,
음극 붕괴 등을 초래하는 비가역적 현상.

- 소재 지놈 이니셔티브(MGI, Materials Genome Initiative):

인간 지놈 프로젝트처럼 소재도 데이터베이스화하여
첨단 소재의 개발에서 상용화까지 기간과 비용을 획기적으로
줄이기 위해 미국에서 2011년 추진된 국가 전략 계획.

- 스피넬 구조(spinel structure):

일반적으로 AB_2X_4(A와 B는 양이온, X는 음이온)의 화학식을
갖는 결정 구조로, X가 만드는 음이온 구조에 단위당 8개의
사면체 자리 또는 4개의 팔면체 자리에 A, B가 위치하는 구조.

– 엔탈피(enthalpy):

열역학적 계에서 내부 에너지에 부피와 압력의 곱을
더한 값으로 정의되는 함수. 일정한 압력 하에서
엔탈피 변화량은 계가 흡수하거나 방출한 열량과 같음.
계의 내부 에너지와 부피를 차지하여 얻을 수 있는
에너지(부피와 압력의 곱)의 합으로 표현되는 열역학특성함수.

– 엔트로피(entropy):

열역학적 계에서 열 에너지를 일로 변환할 수 없는 정도를
나타내는 함수. 무질서도를 나타내는 척도로 쓰임.
계의 열 에너지를 일로 변환할 수 없는 정도를 나타내는
열역학적 양. 시스템의 무질서도와 관련되어 있음.

– 열화(degradation):

충전과 방전을 거듭할수록 배터리 용량이 비가역적으로
감소하는 현상.

– 유변학(rheology):

물질의 변형과 흐름을 연구하는 물리화학의 한 분야.

– 유사 스피넬(pseudo-spinel structure) 구조:

스피넬 구조와 유사하지만, 부분적인 무질서가 존재하는 구조.

- 율속 특성(rate performance):

정해진 시간(또는 방전율) 조건에서 얻을 수 있는
배터리 최대 용량 대비 상대적 유지율. 일반적으로
충·방전 속도가 빨라지면, 용량 유지율이 낮아짐.

- 인터칼레이션(intercalation)·
디인터칼레이션(deintercalation):

층상 구조를 가진 물질의 층 사이에 다른 분자나 이온이
끼어들어가는 현상을 인터칼레이션. 반대로 삽입되어 있던
분자나 이온이 빠져나오는 것을 디인터칼레이션이라고 함.
리튬이온배터리의 충전과 방전을 가능하게 하는 가역
반응으로서, 리튬이온은 충전 시 음극에 인터칼레이션 되고,
방전 시 음극으로부터 디인터칼레이션 됨.

- 전이금속(TM, transition metal):

주기율표의 d-구역에 해당하는 원소들. 3족에서 12족까지의
원소가 포함됨.

- 층상 전이금속 산화물:

원자가 겹겹이 쌓여있는 판으로 구성된 구조로서,
각각의 층이 전이금속 원자층, 산소 원자층으로 이루어짐.

- 칼만 필터(Kalman filter):

루돌프 칼만(Rudolf Kalman)에 의해 개발된, 잡음이 포함되어 있는 여러 측정값을 바탕으로 알려지지 않은 선형 역학계 변수를 추정하는 재귀 알고리즘.

- 칼코게나이드(chalcogenide):

산소족 원소의 화합물. 일반적으로 황(S, sulfur), 셀레늄(Se, selenium), 텔루륨(Te, tellurium) 중 하나의 음이온과 양이온이 이루고 있는 화합물.

- 쿨롱 효율(Coulombic efficiency):

배터리의 미래 성능을 예측하는 지표. 충전 용량 대비 방전 용량으로 계산되며, 쿨롱 효율이 1인 배터리는 용량을 무한대로 유지함.

참고 문헌

〈1장〉

그림 1-2

Whittingham, M. S. (2012). History, Evolution, and Future Statues of Energy Storage. *IEEE Proc.*, 100, 1518.

그림 1-3

Noh, H., Youn, S., Yoon, C. S., and Sun, Y. (2013). Comparison of the Structural and Electrochemical Properties of Layered Li[NixCoyMnz] O2 (x 1/4 1/3, 0.5, 0.6, 0.7, 0.8 and 0.85) Cathode Material for Lithium-ion Batteries. *Journal of Power Sources*, 233, 121-130.

그림 1-4

Xiao, J., Li, Q., Bi, Y., Dunn, B., Glossmann, T., Liu, J., Osaka, T., Sugiura, R., Wu, B., Yang, J., Zhang, J., Whittingham, M. S. (2020). Understanding and Applying Coulombic Efficiency in Lithium Metal Batteries. *Nature Energy*, 5, 561-568.

그림 1-5

Zhou, H., Xin, F., Pei, B., Whittingham, M. S. (2019).
What Limits the Capacity of Layered Oxide Cathodes in
Lithium Batteries? *ACS Energy Letters*, 4 (8), 1902-1906

⟨2장⟩

그림 2-2

Lee, J., Urban, A., Li, X., Su, D., Hautier, G., and Ceder, G.
(2014). Unlocking the Potential of Cation-Disordered
Oxides for Rechargeable Lithium Batteries. *Science*, 343
(6170), 519-522.

그림 2-3

Lee, J., Urban, A., Li, X., Su, D., Hautier, G., and Ceder, G.
(2014). Unlocking the Potential of Cation-Disordered
Oxides for Rechargeable Lithium Batteries. *Science*, 343
(6170), 519-522.

〈3장〉

그림 3-1

Lee, J., Urban, A., Li, X., Su, D., Hautier, G., and Ceder, G. (2014). Unlocking the Potential of Cation-Disordered Oxides for Rechargeable Lithium Batteries. *Science*, 343 (6170), 519-522.; Urban, A., Lee, J., and Ceder, G. (2014). The Configurational Space of Rocksalt-Type Oxides for High-Capacity Lithium Battery Electrodes. *Advanced Energy Materials*, 4, 1400478.

그림 3-2

Lee, J., Urban, A., Li, X., Su, D., Hautier, G., and Ceder, G. (2014). Unlocking the Potential of Cation-Disordered Oxides for Rechargeable Lithium Batteries. *Science*, 343 (6170), 519-522.; Urban, A., Lee, J., and Ceder, G. (2014). The Configurational Space of Rocksalt-Type Oxides for High-Capacity Lithium Battery Electrodes. *Advanced Energy Materials*, 4, 1400478.

그림 3-3

Work from Bryan McCloskey, Lawrence Berkeley National Laboratory

그림 3-4

Ji, H., Urban, A., Kitchaev, D. A., Kwon, D., Artrith, N., Ophus, C., Huang, W., Cai, Z., Shi, T., Kim, J. C., Kim H., and Ceder, G. (2019). Hidden Structural and Chemical Order Controls Lithium Transport in Cation-Disordered Oxides for Rechargeable Batteries. *Nature Communications*, 10, 592.

그림 3-5

Lun, Z., Ouyang, B., Kwon, D., Ha, Y., Foley, E. E., Huang, T., Cai, Z., Kim, H., Balasubramanian, M., Sun, Y., Huang, J., Tian, Y., Kim, H., McCloskey, B. D., Yang, W., Clément, R. J., Ji, H., and Ceder, G. (2021). Cation-Disordered Rocksalt-type High-entropy Cathodes for Li-ion Batteries. *Nature Materials* 20 (2), 214-221.

그림 3-6

Ji, H., Wu, J., Cai, Z., Liu, J., Kwon, D., Kim, H., Urban, A., Papp, J. K., Foley, E., Tian, Y., Balasubramanian, M., Kim, H., Clément, R. J., McCloskey, B. D., Yang, W. and Ceder, G. (2020). Ultrahigh Power and Energy Density in Partially Ordered Lithium-ion Cathode Materials. *Nature Energy*, 5, 213-221.

〈4장〉

그림 4-1

Seo, D., Lee, J., Urban, A., Malik, R., Kang, S. Y., and Ceder, G. (2016). The Structural and Chemical Origin of the Oxygen Redox Activity in Layered and Cation-Disordered Li-excess Cathode Materials. *Nature Chemistry*, 8, 692-697.

그림 4-2

Ku, K., Hong, J., Kim, H., Park, H., Seong, W. M., Jung, S., Yoon, G., Park, K., Kim, H., and Kang, K. (2018). Suppression of Voltage Decay through Manganese Deactivation and Nickel Redox Buffering in High-Energy Layered Lithium-Rich Electrodes. *Advanced Energy Materials*, 8 (21), 1800606

그림 4-3

Ku, K., Hong, J., Kim, H., Park, H., Seong, W. M., Jung, S., Yoon, G., Park, K., Kim, H., and Kang, K. (2018). Suppression of Voltage Decay through Manganese Deactivation and Nickel Redox Buffering in High-Energy Layered Lithium-Rich Electrodes. *Advanced Energy Materials*, 8 (21), 1800606

그림 4-4

Ku, K., Kim, B., Jung, S., Gong, Y., Eum, D., Yoon, G., Park, K. Y., Hong, J., Cho, S., Kim, D., Kim, H., Jeong, E., Gu, L., and Kang, K. (2020). A New Lithium Diffusion Model in Layered Oxides Based on Asymmetric but Reversible Transition Metal Migration (pp. 1269-1278). *Energy & Environmental Science*, 13 (269), 1269-1278.

그림 4-5

Ku, K., Kim, B., Jung, S., Gong, Y., Eum, D., Yoon, G., Park, K. Y., Hong, J., Cho, S., Kim, D., Kim, H., Jeong, E., Gu, L., and Kang, K. (2020). A New Lithium Diffusion Model in Layered Oxides Based on Asymmetric but Reversible Transition Metal Migration (pp. 1269-1278). *Energy & Environmental Science*, 13 (269), 1269-1278.

그림 4-6

Eum, D., Kim, B., Kim, S. J., Park, H., Wu, J., Cho, S., Yoon, G., Lee, M. H., Jung, S., Yang, W., Seong, W. M., Ku, K., Tamwattana, O., Park, S. K., Hwang, I. and Kang, K. (2020). Voltage Decay and Redox Asymmetry Mitigation by Reversible Cation Migration in Lithium-rich Layered Oxide Electrodes. *Nature Materials*, 19, 419-427.

그림 4-7

Eum, D., Kim, B., Kim, S. J., Park, H., Wu, J., Cho, S., Yoon, G., Lee, M. H., Jung, S., Yang, W., Seong, W. M., Ku, K., Tamwattana, O., Park, S. K., Hwang, I. and Kang, K. (2020). Voltage Decay and Redox Asymmetry Mitigation by Reversible Cation Migration in Lithium-rich Layered Oxide Electrodes. *Nature Materials*, 19, 419-427

〈5장〉

그림 5-4

Yazami, R., & Maher, K. (2014). Thermodynamics of Lithium-Ion Batteries. In G. Pistoia (Ed.), *Lithium-Ion Batteries: Advances and Applications* (pp. 567 – 604). Elsevier.

그림 5-6

Kim, H. J., Park, Y., Kwon, Y., Shin, J., Kim, Y.-H., Ahn, H.-S., Yazami, R., and Choi, J. W. (2020). Entropymetry for non-destructive structural analysis of LiCoO2cathodes. *Energy & Environmental Science*, 13 (1), 286 – 296.

그림 5-7

Kim, H. J., Park, Y., Kwon, Y., Shin, J., Kim, Y.-H., Ahn, H.-S., Yazami, R., and Choi, J. W. (2020). Entropymetry for non-destructive structural analysis of LiCoO2cathodes. *Energy & Environmental Science*, 13 (1), 286 – 296.

그림 5-8

Kim, H. J., Park, Y., Kwon, Y., Shin, J., Kim, Y.-H., Ahn, H.-S., Yazami, R., and Choi, J. W. (2020). Entropymetry for non-destructive structural analysis of LiCoO2cathodes. *Energy & Environmental Science*, 13 (1), 286 – 296.

그림 5-9

Courtesy of Prof. Sang-Gug Lee, KAIST.

〈6장〉

그림 6-3

Choi, S., Kwon, T., Coskun, A., & Choi, J. W. (2017). Highly elastic binders integrating polyrotaxanes for silicon microparticle anodes in lithium ion batteries. *Science*, 357 (6348), 279 – 283.

그림 6-4

Choi, S., Kwon, T., Coskun, A., & Choi, J. W. (2017). Highly elastic binders integrating polyrotaxanes for silicon microparticle anodes in lithium ion batteries. *Science*, 357 (6348), 279 – 283.

그림 6-6

Lee, J., Lee, K., Lee, T., Kim, H., Kim, K., Cho, W., Coskun, A., Char, K., and Choi, J. W. (2020). In Situ Deprotection of Polymeric Binders for Solution-Processible Sulfide-Based All-Solid-State Batteries. *Advanced Materials*, 32 (37), 2001702.

그림 6-7

Lee, J., Lee, K., Lee, T., Kim, H., Kim, K., Cho, W., Coskun, A., Char, K., and Choi, J. W. (2020). In Situ Deprotection of Polymeric Binders for Solution-Processible Sulfide-Based All-Solid-State Batteries. *Advanced Materials*, 32 (37), 2001702.

그림 6-8

Lee, J., Lee, K., Lee, T., Kim, H., Kim, K., Cho, W., Coskun, A., Char, K., and Choi, J. W. (2020). In Situ Deprotection of Polymeric Binders for Solution-Processible Sulfide-Based All-Solid-State Batteries. *Advanced Materials*, 32 (37), 2001702.

그림 6-9

Lee, J., Lee, K., Lee, T., Kim, H., Kim, K., Cho, W., Coskun, A., Char, K., and Choi, J. W. (2020). In Situ Deprotection of Polymeric Binders for Solution-Processible Sulfide-Based All-Solid-State Batteries. *Advanced Materials*, 32 (37), 2001702.

〈7장〉

그림 7-1

Lee, M., Hong, J., Seo, D.-H., Nam, D. H., Nam, K. T., Kang, K., and Park, C. B. (2013). Redox Cofactor from Biological Energy Transduction as Molecularly Tunable Energy-Storage Compound. *Angewandte Chemie International Edition*, 52 (32), 8322 – 8328.

그림 7-2

Lee, M., Hong, J., Seo, D.-H., Nam, D. H., Nam, K. T., Kang, K., and Park, C. B. (2013). Redox Cofactor from Biological Energy Transduction as Molecularly Tunable Energy-Storage Compound. *Angewandte Chemie International Edition*, 52 (32), 8322 – 8328.

배터리의 미래

배터리의 미래

'자원의 한계'를 넘어 무한의 가능성을 찾아서

ⓒ 최종현학술원 2021

처음 펴낸날

2021년 12월 31일

5쇄 펴낸 날

2024년 5월 20일

기획 최종현학술원(Chey Institute for Advanced Studies)

저자 M. 스탠리 위팅엄, 거브랜드 시더, 강기석, 최장욱

감수 강기석, 최장욱

교정·교열 최종현학술원 과학혁신1팀(정민선, 김성원, 박유원),

　　　　 과학혁신2팀(이주섭, 김지수)

펴낸이 주일우

출판등록 제2005-000137호 (2005년 6월 27일)

주소 서울시 마포구 월드컵북로 1길 52 운복빌딩 3층

전화 02-3141-6126 | 팩스 02-6455-4207

전자우편 editor@eumbooks.com

홈페이지 www.eumbooks.com

ISBN 979-11-90944-57-1 93560

값 18,000원